电网降损技术及创新实践

国网浙江省电力有限公司　组编

中国电力出版社
CHINA ELECTRIC POWER PRESS

内 容 提 要

本书共七章：第 1 章简要分析了线损技术的现状和发展挑战；第 2 章着重介绍了理论线损和同期线损管理方法；第 3～5 章分别介绍了规划降损、运行降损和综合降损；第 6 章介绍了源网荷储协同降损；第 7 章提出了电网全周期经济运行线损评价体系。

本书可供电网企业线损管理从业人员以及高等学校电力相关专业学生学习参考。

图书在版编目（CIP）数据

电网降损技术及创新实践/国网浙江省电力有限公司组编. —北京：中国电力出版社，2024.12
ISBN 978-7-5198-7686-9

Ⅰ．①电… Ⅱ．①国… Ⅲ．①电力系统－电能消耗 Ⅳ．①TM714.3

中国国家版本馆 CIP 数据核字（2023）第 058459 号

出版发行：中国电力出版社
地　　址：北京市东城区北京站西街 19 号（邮政编码 100005）
网　　址：http://www.cepp.sgcc.com.cn
责任编辑：穆智勇（010-63412336）
责任校对：黄　蓓　常燕昆
装帧设计：赵姗姗
责任印制：石　雷

印　　刷：北京雁林吉兆印刷有限公司
版　　次：2024 年 12 月第一版
印　　次：2024 年 12 月北京第一次印刷
开　　本：710 毫米×1000 毫米　16 开本
印　　张：9.25
字　　数：144 千字
定　　价：50.00 元

在第七十五届联合国大会上，习近平主席宣布"中国力争 2030 年前二氧化碳排放达到峰值、2060 年前实现碳中和"的目标。党的二十大报告进一步指出要推动能源清洁低碳高效利用，积极稳妥推进"双碳"战略。电力系统是能源传输的关键环节，推动电网节能降损，实现能源电力安全可靠、清洁低碳、经济高效，是落实"双碳"目标的重要举措。

线损率是综合反映电网规划设计、生产运行和经营管理水平的关键指标，线损管理是电网企业技术经济方面最重要的管理内容之一。2013 年以来，国家电网有限公司大力推进一体化电量与线损管理系统（简称同期线损管理系统）建设，不断夯实管理基础，全面推行供售电量实时监测分析，实现线损"四分"管理，线损管理精益化水平得到明显提升，长三角等地区的线损率已经达到了国际先进水平。同时，随着新能源、储能、电动汽车等的大规模接入和电力市场改革的不断深入，电网的形态、结构和运行方式都发生了较大变化，进而加大了电网节能降损的难度，对电网线损管理提出了更高的要求。

当前，电网企业正在进一步拓展降损技术及电网全周期经济运行管理，开展电网降损规划、最优降损决策、降损项目评价等深化应用，促进多专业管理高效协同、源网荷储全交互和电网运行安全效率双提升，推动电网降本增效。本书全面总结了线损管理转型升级、电网降损实践等方面的经验和做法，共分为七章。第 1 章简要分析了线损技术的现状和发展趋势；第 2 章着重介绍了降损的理论基础；第 3～5 章分别介绍了规划降损、运行降损和综合降损；第 6 章提出了源网荷储协同降损的概念和方法；第 7 章介绍了线损评价体系的建设。

本书以电网企业线损管理人员及高等院校电力相关专业师生为读者对象，希望能够帮助读者进一步了解电网降损相关技术。

由于编者水平所限，难免存在疏漏和不足之处，恳请广大读者批评指正。

最后，衷心感谢所有对于本书编写提供支持和帮助的专家，以及参与编著的各位同志。

编　者

2024 年 11 月

目 录

前言

1

线 损 概 述

1.1 基本概念

线损是电能从发电厂传输到用户过程中，在输电、变电、配电和用户环节中所产生的电能损耗。线损率是在一定时期内电能损耗（即线损电量）占供电量的比率，计算公式如下：

线损率=线损电量/供电量×100%=（供电量–售电量）/供电量×100%

其中：   供电量=电厂上网电量+电网输入电量–电网输出电量

售电量=销售给终端用户的电量

售电量包括销售给本省用户（含趸售用户）和不经过邻省电网而直接销售给邻省终端用户的电量。

线损率是衡量电网技术经济性的重要指标，它综合反映了电力系统规划设计、生产运行和经营管理的技术经济水平。由于线损电量无法通过表计来测算，通常是根据电能表所计量的供电量和售电量相减而得，即线损是一个余量，它的精确度取决于供电量和售电量的准确度。

1.1.1 线损分类

1.1.1.1 按损耗来源分类

从损失产生的来源来看，分为技术线损和管理线损两部分。

技术线损是指电能经由输变配售设施所产生的损耗。技术线损可通过理论计算来获得，主要包括固定损耗（空载损耗）和可变损耗（负载损耗）两部分。

（1）固定损耗是指电网电压在铁磁元件中产生的电能损耗。系统中只要有电压存在，就会产生电能损耗，且基本固定。如变压器铁损，调相机调压器、电抗器、互感器、消弧线圈等设备的铁损，电晕损耗，绝缘子的损耗，电容器

1

和电缆的介质损耗，电能表电压线圈损耗等。

（2）可变损耗是指电流受导体电阻作用产生的电能损耗。该部分损耗与电流平方成正比，电流越大，损耗越大，如变压器铜损等。当变压器的铜损与铁损（可变损耗与固定损耗的比值）之比为 1 时，变损率最低。铜损与铁损之比能够综合反映变压器的经济运行状况。

管理线损是指电能在输变配售过程中由于计量、抄表、窃电及其他管理不善造成的电能损失。管理线损的产生无规律性，不易测算，需要通过加强线损管理来进行控制。常见的管理线损主要包括：

1）用户违约用电和窃电损失；

2）电网元件漏电损失；

3）营业中抄核收的差错；

4）计量表计误差损失、错误接线、故障；

5）变电站的直流充电、控制及保护、信号、通风冷却等设备消耗的电量。

1.1.1.2 按统计方法分类

根据《名词术语 电力节能》（DL/T 1365—2014），电网企业线损的种类可分为统计线损、理论线损（技术线损）、管理线损、经济线损和定额线损 5 类。目前，常用的三种线损为统计线损、同期线损和理论线损。其中，同期线损是统计线损的一种。

1. 统计线损

统计线损是电网企业开展经营管理所进行的线损计算方式，它是根据实际抄见的供电量和售电量计算出来的线损率。供电量主要来自上级、相邻电网或大型电厂等，一般均按自然月进行统计。售电量因售电用户较多，受限于信息化手段等原因限制，售电量统计周期可能会与自然月错开。供售电量统计不同步，导致统计线损呈现"大月（日历天数多）大、小月小"的特征，部分月份甚至出现超高线损或负线损。

统计线损所用供电量和售电量均为电能结算数据，故统计线损也常常用于电网企业内部管理。

2. 同期线损

同期线损是电网企业开展内部管理所进行的线损计算方式，它是在规定的抄表时段（年、月、日或其他任意时段）对供电量（或输入电量）与售电量（或输出电量）进行统计并计算出来的线损率。同期线损实现了相同统计周期下线损率计算，能够真实反映电网实际线损水平。国家电网有限公司开发建设了同期线损管理系统，用于开展同期线损管理，实现电量指标同步，客观反映经济用电情况。但是同期线损所使用的供电量和售电量为非电能结算数据，数据可能出现缺失或偏差等情况。

3. 理论线损

理论线损是电网企业为掌握技术线损而开展的线损计算方式，它是根据设备参数和电网运行实测数据，对其所管辖输配电网络进行理论损耗计算而得到。理论线损的准确性主要受档案数据、拓扑参数、运行数据、计算方法等因素影响。

线损理论计算方法很多，不同的方法适合不同的场合或电网。因此，采用的线损理论计算方法应满足如下要求：

1）所采用的方法不应过于复杂，计算过程应简洁清晰；

2）在电网一般常用计量仪表配置下，用于线损理论计算的设备运行数据应方便采集，设备参数的取值应该简便和容易；

3）所采用的方法，其计算结果应达到足够的精度，满足实际工作的需要。

1.1.2 线损"四分"管理

线损"四分"管理是对所辖电网开展分区、分压、分元件和分台区线损管理的综合管理方式，实现了线损管理从结果管理向过程管理的转变，是线损精益化管理的重要方法。具体内容包括：

（1）分区管理：对所管辖电网按供电范围划分为若干区域进行统计、分析及考核的管理方式。区域一是指按照行政区划分为省、地市、县级等电网，二是指变电站围墙内各种电气设备组成的区域。

（2）分压管理：对所管辖电网按不同电压等级进行统计、分析及考核的管理方式。

（3）分元件管理：对所管辖电网各电压等级线路、变压器、补偿元件等的电能损耗分别进行统计、分析及考核的管理方式。

（4）分台区管理：对所管辖电网各个公用配电变压器的供电区域损耗分别

进行统计、分析及考核的管理方式。

1.2 发展现状

1.2.1 国外发展现状

线损率是反映线损管理水平的关键指标。根据国际能源署公布的 2021 年世界部分国家发电量和配电损耗可以计算出线损率，如表 1-1 所示。

表 1-1　　　　　世界主要国家经济体 2021 年综合线损率统计

国家经济体	美国	加拿大	德国	英国	法国	挪威	瑞典	比利时	日本	韩国	经合组织国家平均	中国
线损率（%）	2.76	5.29	4.71	8.74	7.12	5.77	4.79	3.45	4.27	3.24	4.20	5.26

从全球范围来看，经合组织中国家平均为 4.20%。发达经济体中，老牌发达国家例如法国、英国线损率相对较高，均在 7%附近。美国、比利时、韩国的线损率在全球处于较低水平，分别为 2.76%、3.45%和 3.24%。目前，国外主要在需求侧管理、分布式电源管理、电网经济规划等方面开展了相关电网降损实践。

1.2.1.1 需求侧管理

尖峰负荷的快速增长导致电力设备重载，同时持续时间短，造成设备利用率低，这是导致网损增长的重要原因。因此，开展需求侧管理、提升负荷率已成为电网降损节能的重要措施。早在 2007 年，美国加州就开展了一项需求侧竞价项目，应用了自动化和通信技术，高峰时段削减超过 15MW 的负荷。2010 年，美国发布了需求响应的国家行动计划。据 FERC（联邦能源管理委员会）统计，大约有 10%的美国用户已经参与了各种需求响应项目，需求响应智能计量装置的普及率达到了 6.7%，需求响应资源在 2010 年已达 53GW。这些可调资源通过市场可削减约 6.7%的系统高峰负荷，实现需求响应降损效益数十亿美元。在欧洲，挪威通过居民自动需求响应削减了 4.2%的峰荷。

1.2.1.2 分布式电源管理

分布式接入一直是欧美先进国家新能源开发利用的主要方向。IEC（国际电工委员会）、IEEE（电气与电子工程师协会）等工程师组织 20 世纪 90 年代就开始了分布式电源接入的相关标准化工作。在德国，光伏和风电均采用分布式，这也是其配电网网损率控制在 3% 以下的重要原因。日本、美国的光伏也普遍采用分布式模式，通过提升配电网功率自平衡水平，减少长距离电力资源配置，从而减少网损。同时，为了配合间歇式能源的大规模开发、分布式接入，小容量的用户侧储能在欧美先进国家获得大力支持。澳大利亚、美国率先开展了电动汽车 V2G 支撑分布式电源接入的创新项目。

1.2.1.3 电网经济规划

目前，日本、美国 220kV 及以上的输电网电量线路比分别为 3008 万 kWh/km 和 1486 万 kWh/km，而我国仅为 972 万 kWh/km。纵观发达国家的电网建设历程，普遍以投资和运行成本为目标，可靠性、稳定性等作为约束进行校验，高度重视成本/效益分析。例如，日本在配电网规划项目评价中明确将回收期等作为考核指标。

1.2.1.4 配电网自动化

欧洲配电网自动化发展较早。德国在 20 世纪中叶就开始了对配电网自动化的研究和部署。英格兰和威尔士地区的东方电力公司自 1997 年开始进行采用施耐德方案的"ARC"工程（自动化和遥控）建设，通过远动系统解决供电可靠性问题。通过实施该工程，该地区电网线损率下降 25%。日本配电自动化经历了从使用自动重合断路器和自动配电开关配合实现故障隔离和恢复供电，到利用现代通信及计算机技术实现集中遥信、遥控的发展过程。韩国将配电自动化作为配电网发展的核心，在 20 世纪 90 年代就启动配电自动化建设，配电自动化系统投入 190 套，当时配电自动化率已超过 70%，实现了配电网线损水平的跨越式提升。

1.2.1.5 补偿设备

英国大量采用电压调节器（voltage regulator）进行配电网电压动态调节，部署数量已超过 3 万台，其结构相当于一台串联变压器。此外，配电网静止同步补偿器（D-STATCOM）等电力电子补偿设备也在欧美等发达国家广泛应用，尤其在城市核心区，其无功电压调节效果远超传统电容设备。

1.2.1.6 数据治理技术

发达国家在线损数据治理方面主要对数据错误、冗余、无效、缺失等问题具有较为灵活强大的算法能力。在优化算法的同时，还致力于研究标准化数据，修改数据管理标准和规范，大大减少了数据计算量，提高了线损数据治理效率。线损数据正确计算后，通过数据挖掘算法分析线损波动和电量波动的关系，精确定位异常用户，开展线损的针对性治理。鉴于线损数据量庞大，所以通常采用 TF-IDF 等大数据的挖掘算法，开展数据分类、检索、挖掘和数据错误冗余治理等，能够快速准确地验证数据的完整性和正确性。

1.2.2　国内发展现状

近年来电网企业在技术能力、管理方式等方面不断进步，线损率持续下降。根据中国电力企业联合会（简称中电联）公布的《2022 年中国电力行业年度发展报告》，2021 年国内部分省（区、市）线损率如表 1-2 所示。2021 年，全国线损率为 5.26%，较上年下降 0.34 个百分点。但是，如韩国、比利时等发达国家早在 2017 年就降至 4% 以内的水平，并在 2021 年降至 3% 附近。可见，我国线损率高于这些国家约 2 个百分点，线损率仍有一定下降空间。

表 1-2　　　　　　　　2021 年国内部分省（区、市）线损率

区域	综合线损率（%）	区域	综合线损率（%）
全国		5.26	
北京	4.10	宁夏	3.49
天津	4.29	青海	3.89
河北	5.47	新疆	7.70
山东	3.46	上海	4.09
山西	5.04	江苏	3.25
内蒙古	3.82	浙江	3.62
辽宁	4.30	安徽	5.80
吉林	7.16	福建	3.68
黑龙江	7.50	湖北	4.70
陕西	4.06	湖南	7.94
河南	7.05	广西	4.58
江西	4.15	云南	4.12

区域	综合线损率（%）	区域	综合线损率（%）
全国		5.26	
四川	7.47	贵州	4.45
重庆	4.93	海南	7.94
广东	3.53	甘肃	5.87

随着电网企业信息化系统建设的推进，线损管理相关业务支撑系统得到了长足的发展。目前已开发能量管理系统（EMS）、变电站电能量自动采集系统、营销管理系统、生产管理系统、电网地理信息系统、负荷控制管理系统等，实现了变电站和主要电厂上网关口计量点全覆盖、电网设备负荷数据及线路运行状况实时监控，基本实现对 100kVA 及以上用户和台区总表的实时管理和对低压用户的电量采集等功能。另外，随着智能电能表的推广及用电信息系统的建设，数据的完整性和同时性较以前有了较大的提高，线损业务管理条件越来越完善。

传统线损管理侧重于指标导向、专业管控、局部治理的纵向延伸模式，无法从源网荷储全边界和建设运行全链条的横向和宏观层面对电网整体运行效能开展分析、评价和控制，难以满足新型电力系统高效能建设要求，不利于推动电网降损目标的实现。

1.2.3　浙江线损现状

浙江持续推动能源清洁、安全、高效利用，实现内外资源极大调动、调节模式极大优化，电网发展方式、运行特性、调节手段等正在发生巨大变革。目前，浙江电网整体装备水平在世界上处于领先地位，但是线损水平与部分发达国家相比仍有一定差距，因此必须提高浙江电网线损管理水平，引导网源荷储各环节节能降损。

1.2.3.1　总体情况

在"十三五"期间，浙江电网综合线损率呈现逐年下降的趋势。2020 年综合线损率为 3.71%，较 2015 年下降 0.46 个百分点。2021 年浙江综合线损率进一步降低至 3.62%。与表 1-1 中部分发达国家比较，浙江线损率略高于韩国，低于多数发达国家，但仍有一定的降损空间。

从电压等级来看，"十三五"期间浙江电网各电压等级线损率呈现波动下降的趋势。其中，输电网线损率分布在 0.5%附近，呈小幅下降趋势，下降幅度小于 0.05 个百分点；配电网线损率下降幅度较大，下降达 0.31 个百分点。其中，中低压配电网线损率最高，"十三五"期间平均线损率为 2.8%，其线损电量占比将近 60%。可见，浙江中低压配电网降损潜力较大，是降损工作的重点。

从损耗组成看，线路和变压器损失电量是影响综合线损率的主要因素。"十三五"期间，浙江电网线路损失电量约占 58%，变压器损失电量约占 38%，其他因素损失电量约占 4%。高损设备主要集中在 35kV 及以下电压等级，导致设备高损的主要原因包括负载率高、投运时间长、供电半径长等。

从地区分布看，浙江西南和中部以山地、丘陵地貌为主，沿海及海岛地区以依山面海地貌为主，负荷分布不均匀、供电半径较长，导致线损率相对偏高。浙江北部多是冲积平原，线损率相对较低。

1.2.3.2 管理情况

（1）供售电量同期管理。目前，浙江已全面实现供售同期管理，统一调整售电量为按自然月发行，并深化应用跨专业融合、全链条贯通的同期线损管理系统，夯实管理基础，提升计量采集率，完善关口档案信息，推动小水电信息远程采集，提升线损正确可算率，促成同期线损日常维护和缺陷处理流程高效运转。

（2）基础数据管理。目前，浙江电网结算关口点覆盖率、智能电能表覆盖率、用电信息采集系统覆盖用户和关口表计自动采集均达到了 100%。浙江按照数据同源、信息融合、综合整治的原则，加强专业协同，深入推进营配数据治理，动态校核营配调贯通数据质量，构建"电网一张图"，实现站、线、变、户一致率的提升，精准根治高损。

（3）节能降损新技术应用。浙江持续推广节能降损新技术应用，如新型节能设备更换、分相无功就地精准补偿、虚拟电厂削峰填谷等，推动源网荷储协同的全链条管理。

通过上述举措，在充分发挥源网荷储灵活资源优势的同时构建了线损管理新模式，推动电网全过程评价和高效运行，实现电网节能降损和高质量发展。

1.3 面临挑战

新时代背景下习近平总书记提出碳达峰碳中和（简称"双碳"）目标，实现"双碳"目标是一项复杂艰巨的系统工程，面临时间紧、难度大、减排与发展统筹难度高等诸多挑战，电网作为能源转型的中心环节，支撑降碳减排任务的责任重大。多年以来，电网企业在电网规划、运行和管理方面持续的工作已经让电网损耗降至历史最低水平。然而，电网线损仍有一定下降空间并面临着以下三个方面的挑战。

1.3.1 规划建设方面

目前的电网规划建设工作中，线损指标考虑和论证不足，导致后期电网运行中频频出现电网损耗过高的情况。因此，需要运用理论线损计算工具，制定线损指标，按照短半径、密布点、高能效的原则开展电网的规划建设。另外，缺乏系统性、科学性与前瞻性的电网中长期降损规划，电网现状与降损远景目标不清晰，对于降损工作缺乏指导意义，难以进一步推动节能低碳电网的建设。

1.3.2 电网运行方面

目前，我国电网负荷分布不均，并存在重、过载与轻载并存的情况，同时中低压配电网存在无功补偿配置不合理、三相不平衡度偏高等情况，导致有功和无功损耗均偏高。除了持续推进传统的功率补偿等设备改造方式以外，还需要依托分布式潮流控制器、智能配电柔性多状态开关等技术应用，实现有功、无功潮流控制及连续调节，提升电网调节能力。随着网架结构和设备特性逐渐发生变化，如智能家电、电动汽车、分布式能源广泛接入等，一方面需要优化现有的无功补偿设计标准，另一方面应积极推动可调资源的灵活调度，推动就地分相精准补偿平衡，以满足电网经济运行需求。

1.3.3 综合管理方面

目前，电网企业运行效能管控机制和运作体系尚未完全建立，源网荷储全要素参与电网运行调节仍不充分，各专业之间关于电网经济运行管理衔接方面仍存在割裂。不足之处具体如下：

在管理理念方面，一是电网规划、建设、运行主要依赖高冗余度保障安全，缺少经济效益考虑，安全与效益未能有机融合；二是对电网效能管理工作重视程度不足，目前仍以提升线损达标率为抓手，聚焦电网运行末端指标，对于影响指标的背后要素未充分监测、分析和控制；三是配电网效能管控缺少贯通各专业互补互促的管理体系，专业间缺乏协同联动和指标管控的有效衔接，难以进行电网全要素和运行全环节的整体分析和管控；四是企业内部考核方式单一，奖惩制度尚未完善，未能充分调动一线员工的工作积极性。

在技术手段方面，一是配电网运行效能评估手段缺失，大数据应用深入程度不高，无法满足配电网效能智能评估与分析、高损精准定位、运行效能提升措施自动生成等迫切需求；二是缺少降损项目全流程管控和成效评价机制，目前尚未建立企业层面降损项目库，未有效实施降损项目全过程管控和效益后评价。

1.4 发展趋势

当前，我国能源行业生产、消费、技术、体制正发生深刻变革，交直流混联、电力电子化、清洁能源高比例渗透等特征明显。电网企业需要积极适应能源发展的新形势，引领构建新型电力系统，实现能源电力安全可靠、清洁低碳、经济高效。在这个进程中，电网线损影响机理及降损技术也面临着不断的变化。

（1）新型电力系统建设不断深入。新型电力系统核心是新能源成为电力供应的主体，具有广泛互联、智能互动、灵活柔性、安全可控的特征。通过装备技术和机制创新，建设坚强智能输电网络、灵活智能配电网络和多源新型用电负荷等能源互联网络设施，推动多种能源方式互联互济、源网荷储深度融合。

大量分布式电源接入，一方面给电网带来多能互补，配电网就地消纳压力倍增，可能造成反向供电，引起损耗增加；另一方面配电网发展形态将发生较大变化，配电网逐步演化为有源供电网络，使得配电网电力电子化程度和网架结构复杂度大大增加，进而加大配电网线损管理难度。

同时，大量的新能源接入电网，势必带来储能的发展，2021 年国家发展改革委和能源局出台《关于加快推动新型储能发展的指导意见》（发改能源规〔2021〕

1051 号，以下简称《指导意见》），提出 2030 年实现新型储能全面市场化发展。《指导意见》的出台将助推储能跨越式发展，提出将电网替代性储能设施成本收益纳入输配电价回收机制，突破了储能价格机制的政策瓶颈，为新能源配置储能实现合理化成本疏导指明了方向。储能电站具有双向特征，在储能的过程是用电负荷，在释放电能的过程又是电源，如何利用好储能电站开展降损增效工作是未来电网发展的重点之一。

（2）数字化转型持续推进。随着智能终端、人工智能、计算机和通信技术发展和成熟，电网企业需要进一步深化电网数字化、管理数字化、服务数字化、能源生态数字化，继续发掘数据资源要素潜力，更好发挥数据的基础资源作用和创新引擎作用，从而提升电网线损精益化管理水平，有力支撑能源节约与生态环境保护工作。

一方面，加强电力网和数据网联动建设，完善数据采集的深度与广度，充分掌握全网设备参数、运行数据等关键参数，从而充分发挥大数据增值效应，促进经济社会发展。同时，提升电网业务数据的时效性。通过对拓展到家庭、企业的广泛覆盖的数据采集网络进行深度的数据挖掘，可以进一步实现智能用电管理，使用户掌握实时用电信息、在线互动能耗数据，实现能源高效循环利用，进而为节能减排提供依据。

另一方面，基于采集的实时数据深度挖掘复杂数据的关联性，开展更广泛的创新应用，推动实时运行状态的监测和计算、需求侧灵活资源调节、全周期经济运行管理、降损智能评估决策，提升线损专业管理的工作效率，实现电网高质量的节能降损。通过数据挖掘技术进行线损智能诊断，降低人工依赖程度，提供一种智能化辅助手段，精确锁定线损异常原因，从而推动线损精益化管理。

（3）综合线损评价体系创新。面对电网企业当前所处的形势，从管理、技术及运维这三个维度进行出发，结合当前的电网发展战略目标、电网结构、设备状态、用电结构等现状及特点分析，并构建具有符合当前发展的创新型管理模式，研究并整合优化各业务系统，及各项举措对于降损的影响因素及影响程度，构建一套全新的具有以优化资源分配和以高效整合治理方案为核心的线损评价体系的管理模式，是目前需要进行深度规划研究的主要目标及方向。

降损理论基础

2.1 理论线损计算方法

线损理论计算是降损节能、加强线损管理的一项重要手段。线损理论计算是根据电网在某一运行方式下的实际负荷和供电设备参数情况,计算电网和电网中每一元件的理论有功功率损耗、无功功率损耗和在一定时间内的输送和分配电能时的电能损耗。通过理论线损计算可发现电能损失在电网中的分布规律,通过计算分析能够暴露出管理和技术上的问题,对降损工作提供理论和技术依据,提高节能降损效益,使线损管理更加科学。

通过理论线损计算可以达到以下目的:

(1)鉴定主网、配电网结构及其运行方式的经济性。查明电网中损失过大的元件及其原因,核查实际线损是否真实、准确、合理以及实际线损率和理论线损率的差值,确定不明损失的程度。通过对技术线损的具体构成分析,发现主网、配电网的薄弱环节,确定技术降损的主攻方向,以便采取相应措施。

(2)为制订年、季、月线损计划指标和降损措施提供理论依据。开展线损理论计算是做好降损节电的一项基础工作,它有利于提高供电企业的线损管理水平,有利于加快电网建设和技术改造,提升电网经济运行,有利于制定落实降损节电经济责任制,增强节能意识。

在理论线损计算时,需要统一程序、计算时间、计算边界条件。统一程序便于汇总,使计算结果一致;统一计算时间和计算边界条件可以使不同单位的计算结果具有可比性。计算边界条件包括温度、功率因数、电容电抗投入量和时间、站用电等。

理论线损计算所需要的数据分为两类。第一类是有关电力网结构和元件参数(如型号、容量、长度)。电力网元件参数一般变化较小,只有当设备检修、运行方式变化、设备增加等情况下,才会发生变化。第二类是有关电网运行数据,如电流、电压、功率因数、有功和无功功率、有功和无功电量等。由于负荷的随机性,运行数据变化较大。

理论线损计算方法一般根据网络的复杂程度、基础档案和量测的完整准确性等因素按照电压等级分为 35kV 及以上电力网计算方法、10(20、6)kV 中压配电网计算方法、0.4kV 低压电力网计算方法。

2.1.1 35kV 及以上电力网损耗计算方法

2.1.1.1 潮流法

根据《电力网电能损耗计算导则》(DL/T 686—2018),35kV 及以上电力网的损耗计算应采用潮流法。电力系统潮流计算是电力系统稳态运行分析与控制的基础,同时也是安全性分析、稳定性分析和电磁暂态分析的基础,其根本任务是根据给定的运行参数(例如节点的注入功率),计算电网各个节点的电压、相角以及各个支路的有功功率和无功功率的分布及损耗。35kV 及以上潮流计算是由发电机和负荷功率推知电流、电压的过程,从而可得到各个主网元件的有功损耗及整个主网的有功损耗。在建立主网潮流计算模型时,可以计入架空线路、电缆线路、双绕组变压器、三绕组变压器、串联电抗器、并联电容器、并联电抗器;站用变压器所消耗的功率作为负荷处理;调相机作为发电机处理。

为了准确计算 35kV 及以上电力网电能损耗,此处的潮流法与传统电网的潮流计算有差别:①线路电阻体现了线路的损耗,在潮流计算过程中线路电阻不容忽略;②变压器的铜损和铁损等效支路不容忽略,可以将变压器铁损等效为变压器对地电导支路,变压器铜损等效为一、二次侧绕组的电阻支路;③高压线路的电晕损耗不容忽略,在节点平衡方程中需纳入电晕损耗功率;④变电站站用电可以作为有损负荷处理。

潮流法可分为电力法和电量法。对于在线潮流数据质量能满足电能损耗计算需要的情况,可采用在线潮流法校验电力法和电量法的计算结果。下面将对各类算法进行详细介绍和分析比较。

1. 电力法

电力法是根据每小时发电机的有功及无功(电压)数据、负荷的有功及无

13

功数据、网络拓扑结构及元件阻抗参数进行潮流计算，得出每个节点电压，然后根据已知的电压与节点导纳关系计算出每条支路的有功损耗。将所有支路的损耗相加，即是全网 1h 的损耗。将 24h 的损耗相加，即得出一天的线损。

电网的实际运行方式表明，负荷曲线平稳的情况是比较少的，一天之内电网中节点各个时段的负荷出力是不断变化的，因此有必要将负荷出力变化情况考虑进线损的理论计算中。

35kV 及以上电力网 24h 的运行参数可以通过量测获取，为了反映电网发电功率及负荷曲线的变化对线损电量的影响，一般以每小时为周期进行代表日的线损理论计算，代表日损耗电量为

$$\Delta A_{\text{d}} = \sum_{i=1}^{n}\left(3\sum_{t=1}^{24} I_{ti}^2 R_{ti}\right)\times 10^{-3} + \sum_{j=1}^{k}\sum_{t=1}^{24}\Delta P_{0k} + \sum\Delta P_1 \qquad (2\text{-}1)$$

式中　　ΔA_{d} ——代表日线损电量，kWh；

n ——电网线路及变压器支路条数；

k ——电网变压器的台数；

R_{ti} ——不考虑温度变化情况下第 j 条支路 t 时的电阻，Ω；

I_{ti} ——第 j 条支路 t 时的电流（采用潮流计算得到的系统运行参数），A；

ΔP_{0k} ——第 k 台变压器的短路损耗功率，kW；

$\sum\Delta P_1$ ——系统电晕、站用电、调相机等设备的损耗，kWh。

2. 电量法

对于 35kV 以上的复杂电力网，不同变电站的负荷在 24h 中的变化随各地区负荷构成是不同的，相应发电厂由于水文条件、系统调节及交换功率的需要，其功率曲线也各不相同，如仅用电量折算成平均功率计算损耗，将会带来很大误差，因此需要充分考虑负荷曲线及发电功率曲线对损耗的影响。计算方法是将负荷和发电机功率曲线折算成以平均功率为基准的负荷系数表或发电功率系数表，当采用电量法进行损耗计算时，将电量折算成平均功率后乘以相应负荷或发电系数，形成 24h 节点负荷或发电机功率数据后进行潮流计算。具体实现过程如下：

对于第 i 节点第 k 小时有功负荷，其负荷系数 $f_{i,k}$ 为

$$f_{i,k} = \frac{24P_{i,k}}{\sum\limits_{i=1}^{24} P_{i,k}} \qquad (2\text{-}2)$$

式中　　$P_{i,k}$——第 i 节点第 k 小时有功负荷。

在采用电量法进行电网电能损耗计算时，量测得到代表日每个节点的供电量后，分别乘以其对应的负荷系数就可以得到 24h 的功率数据。对于负荷的无功电量、发电机的有功及无功电量均可以采用该方法进行处理。在得到发电、负荷等电网 24h 运行数据后，采用潮流计算得到系统电流和电压，进而计算电网的电能损耗。采用电量法计算线损时，可以充分考虑负荷曲线及发电机功率曲线对线损的影响，同时可以弥补因电能表计量不准确带来的误差。

3. 在线潮流法

随着电网企业信息化和智能化程度的普遍提高，电网量测数据可以实现在线采集及处理，并形成在线潮流数据。若 500kV 及以上电网在线潮流数据质量能满足电能损耗计算的需要，可采用在线潮流数据进行电力网电能损耗计算。在线潮流法用于对电力法和电量法计算结果的校核。

2.1.1.2　状态估计法

新型电力系统需要处理海量数据和信息，数据的精度和信息的可靠性至关重要。电力系统状态估计可以直接处理无法直接通过量测得到的数据，从而为能量管理系统的高级应用（如经济调度、最优潮流、自动电压控制等）提供全面、可靠的数据。因此，作为数据滤波器的电力系统状态估计在状态全面感知中起基础和核心作用。

潮流计算的定义一般可以概括为针对某个扰动变量（一般是指负荷功率），根据给定的控制变量（一般是指发电机的有功功率和机端电压），求出系统的状态变量。潮流计算中的状态变量与状态估计的状态变量相同。潮流计算在数学上可归结为求解非线性代数方程组，且方程的个数与未知量（即状态变量）的个数相等。

在系统满足可观性的条件下，传统的加权最小二乘状态估计可等效为求解一组超定方程，即方程的个数一般多于未知量的个数。在这个意义上可以认为潮流计算是状态估计的特例，状态估计是广义实时潮流。其中，"广义"指的是方程的个数一般多于未知量的个数；而"实时"指的是在能量管理系统中，状态估计计算一般每隔几分钟运行一次，从而得到当前断面的状态变量估计值。

加权最小二乘状态估计（WLS）和在此基础上发展的正交变换法状态估计是目前国内外应用最广泛的状态估计方法，可以用于主网理论线损计算。

1. WLS 状态估计

WLS 最早被用于解决电力系统状态估计问题，其基本原理如下：

设第 i 个量测量的数值为 z_i，它的真值为 $h_i(x)$，如第 i 个量测量的误差为 v_i，则：

$$v_i = z_i - h_i(x) \qquad (2\text{-}3)$$

因为各个量测量的量测误差有正有负，取各个量测量的量测误差平方的代数和作为目标函数，并考虑到各个量测量的量测精度不一样，各个量测误差以同样的权重参加目标函数是不尽合理的。各个量测量各取一个权重 w_i，精度高的量测量权大一些，精度低的量测量权小一些，目标函数定义为：

$$J = \sum_{i=1}^{m} w_i v_i^2 \qquad (2\text{-}4)$$

当状态量的估计值为最优时，目标函数 J 为最小。这种估计方法称为加权最小二乘法。

2. 正交变换法状态估计

WLS 模型简单，收敛性能良好，但 WLS 迭代的每一步均需重新形成雅可比矩阵和增益矩阵，并进行因子分解和前推回代。对于大型电力系统，由于其计算时间较长和所需内存较大，而受到一定的限制。为进一步提高 WLS 的计算效率，受启发于潮流计算的解耦思想，研究人员提出了快速分解状态估计方法。该根据电力系统的特点进行有功和无功的分解运算，雅可比矩阵常数化两项假设简化，实现了系统解耦，从而提高了计算速度，降低了内存消耗。在快速分解状态估计中其节点电压可用直角坐标和极坐标两种形式表示。

电力系统状态估计在数学上一般可描述为如下的非线性加权最小二乘问题：

$$\min J(x) = [z - h(x)]^{\mathrm{T}} W [z - h(x)] \qquad (2\text{-}5)$$

式中　x——状态向量，n 维；

z——量测向量，m 维；

h——量测方程向量，m 维；

W——量测权重矩阵，$m \times m$ 维，一般为正定对角矩阵。

对量测方程 $h(x)$ 进行泰勒级数展开，并取至线性项，有：

$$h(x) = h(x_0) + H\Delta x \tag{2-6}$$

式中　H——量测雅可比矩阵。

则有：

$$J(\Delta x) = [r - H\Delta x]^{\mathrm{T}} W[r - H\Delta x] = \|r_w - H_w \Delta x\|_2 \tag{2-7}$$

式中　$r = z - h(x_0)$——量测残差向量，m 维；

　　　$r_w = W^{1/2} r$——加权量测残差向量，m 维；

　　　$H_w = W^{1/2} H$——加权量测雅可比矩阵，$m \times n$ 维；

　　　$\|\bullet\|_2$——欧几里得范数。

设存在正交矩阵 Q（$m \times m$ 维），使：

$$QH_w = \begin{bmatrix} R \\ 0 \end{bmatrix}$$
$$Qr_w = \begin{bmatrix} b_1 \\ b_2 \end{bmatrix} \tag{2-8}$$

式中　R——$n \times n$ 维上三角矩阵；

　　　0——（$m-n$）$\times n$ 维全零矩阵；

　　　b_1——n 维向量；

　　　b_2——$m-n$ 维向量。

则有：

$$\begin{aligned} J(\Delta x) &= \|r_w - H_w \Delta x\|_2 = \|Qr_w - QH_w \Delta x\|_2 \\ &= \left\| \begin{bmatrix} b_1 \\ b_2 \end{bmatrix} - \begin{bmatrix} R \\ 0 \end{bmatrix} \Delta x \right\|_2 \\ &= \|b_1 - R\Delta x\|_2 + \|b_2\|_2 \end{aligned} \tag{2-9}$$

由于范数大于或等于零，当下式成立时：

$$R\Delta x = b_1 \tag{2-10}$$

$J(\Delta x)$ 达到最小值 $\|\boldsymbol{b}_2\|_2$。因此，只需构造出矩阵 $\boldsymbol{Q}$ 就可以变换出 $\boldsymbol{R}$ 和 $\boldsymbol{b}_1$，求解式（2-10）便可得到状态向量的修正向量 Δx。

具体计算时，也可将 r_w 作为一列加到 $\boldsymbol{H}_w$ 的后面，形成增广矩阵 $[\boldsymbol{H}_w r_w]$，一起进行正交变换，即：

$$\boldsymbol{Q}[\boldsymbol{H}_w r_w] = \begin{bmatrix} \boldsymbol{R} & \boldsymbol{b}_1 \\ \boldsymbol{0} & \boldsymbol{b}_2 \end{bmatrix} \qquad (2\text{-}11)$$

矩阵 $\boldsymbol{Q}$ 可以通过对 $\boldsymbol{H}_w$ 的吉文斯（Givens）旋转或豪斯霍尔德（Household）变换来构造。

2.1.2　10（20/6）kV 中压配电网损耗计算方法

在《电力网电能损耗计算导则》（DL/T 686—2018）中，10（20/6）kV 中压配电网理论线损的基本计算方法有等值电阻法、前推回代潮流算法和潮流法。等值电阻法又分为基础等值电阻法和等效电（容）量法。10（20/6）kV 中压配电网的电能损耗计算宜采用等效电阻法；对含新能源、小水电、小火电等小电源接入该电压等级的电网，宜采用等效电（容）量法；对具备信息化采集条件的电网，可采用前推回代潮流法；对网架结构复杂的电网，宜采用潮流法。目前，中压配电网中较为常用的方法是前推回代潮流法。但是由于实际含有源荷波动的电网存在大量的不确定因素，传统的前推回代潮流法没法考虑相关因素。下面对传统前推回代潮流算法进行详细介绍，并提出新的配电网计算方法。

2.1.2.1　前推回代潮流算法

由于配电网线路中的 R/X 比值偏大而使快速 PQ 解耦法潮流计算方法失效，所以人们根据辐射配电网的特点，提出了一些计算方法。常规算法主要有基于导纳矩阵或回路阻抗矩阵的算法［牛顿-拉夫逊（N-R）算法］、电源叠加法和追赶法，基于支路变量的潮流算法如支路电流回代法和支路功率前推回代法等。牛顿-拉夫逊算法具有二阶收敛特性，虽然在配电网潮流中收敛速度较快，但是当导纳矩阵阶数较高时，初值敏感性问题比较突出。电源叠加法每次求解时要对各个电源逐一进行叠加，求解较为繁琐。追赶法用于导纳矩阵主对角严格占优的情况，无收敛性问题、矩阵存储方便、占内存少、求解快速，但是不能直接求解复杂的环网。前推回代法具有编程简单、没有复杂的矩阵运算、计算速度快、占用计算机的资源很少、收敛性好等特点，适用于实际的配电网。

前推回代法是配电网支路类算法中被广泛研究的一种方法。该方法从根节点起按广度优先搜索并对配电网进行分层编号，编号反映了前推回代的顺序。考虑到配电网的辐射型结构，其一般是由一条主馈线带有数条分支，各分支又带有各自的子分支，依次类推。定义主馈线为第一层，从左向右依次定义主馈线上的各节点，然后定义离电源最近的节点的分支线及其上的节点，每一层最后一个节点号要比它的下一层的第一个节点号小 1。该方法简便、有效，利于编程，对于任何复杂的辐射状配电网的网络编号都适用。

采用前推回代潮流法计算配电网电能损耗的公式为：

$$\Delta A = \sum \Delta A_0 + \sum I_{is}^2 \cdot R_{is} \cdot T \times 10^{-3} \tag{2-12}$$

式中　　ΔA——10（6、20）kV 配电网的电能损耗，kWh；

　　　　ΔA_0——10（6、20）kV 配电网元件的固定损耗，包括变压器空载损耗和电容器、电抗器、辅助元件等的电能损耗，kWh；

　　　　I_{is}——第 i 个节点到第 s 个节点支路的电流有效值，A；

　　　　R_{is}——第 i 个节点到第 s 个节点支路的电阻，Ω；

　　　　T——计算时间，h。

从配电网最末端支路开始向首端计算各条支路的电流：

$$\dot{I}_{is} = \dot{I}_s + \sum_{m=1}^{n} \dot{I}_{sm} \tag{2-13}$$

式中　　$\dot{I}_{is}$——第 i 个节点到第 s 个节点支路的电流值，A；

　　　　$\dot{I}_s$——电网注入第 s 个节点的电流，A；

　　　　n——与节点 s 直接相连的所有下层支路条数；

　　　　m——与节点 s 直接相连的所有下层支路编号；

　　　　$\dot{I}_{sm}$——第 m 个与 s 节点直接相连的支路电流，A。

从配电网首端开始向配电网末端计算各节点电压：

$$\dot{U}_s = \dot{U}_i - \dot{I}_{is}\dot{Z}_{is} \tag{2-14}$$

式中　　$\dot{U}_s$——第 s 个节点的电压，kV；

　　　　$\dot{U}_i$——第 i 个节点的电压，kV；

　　　　$\dot{Z}_{is}$——第 i 个节点到第 s 个节点支路的阻抗，Ω。

通过前推回代的迭代计算，计算出各个节点电压和各支路电流 I_{is}，由式（2-12）计算配电网电能损耗。

2.1.2.2 考虑源荷不确定性的概率潮流法

由于实际电网中负荷和分布式电源出力具有波动性，含有源荷波动的电网存在大量的不确定因素，因此提出了基于半不变量和蒙特卡洛两种概率潮流计算方法，可为含有分布式电源接入的电网提供更加准确的潮流和线损计算结果。

1. 基于半不变量的概率潮流和线损计算

半不变量也叫积累量，是概率论与数理统计中一个重要的概念，由 Thiele 引入，与"矩"一样在理论实践中有着广泛的应用。在涉及独立分布的随机变量问题中，应用半不变量相关知识更为方便。在实际生产中，半不变量法多用于控制理论中。基于半不变量的概率潮流和线损计算算法思路如下：

（1）将确定性电源、负荷注入功率等采集到的数据以及有关节点注入量生成随机分布的数据输入。但是对概率分布呈现正态分布的负荷或者分布式电源，要给出其数学期望和方差。

（2）计算正常状态运行时的潮流，从而得到节点状态变量 X、支路功率 Z、雅可比矩阵 J_0 和其逆矩阵 S_0，即灵敏度矩阵。其中，节点电压向量在状态变量 X 中，雅可比矩阵为 $J_0 = (\partial f(X) / \partial X)|_{X=X_0}$，$X_0$ 为状态变量 X 的均值。

（3）对节点注入功率的半不变量 ΔW 进行计算。节点的电源注入功率以及负荷注入功率的半不变量就是节点注入功率的半不变量。如果符合正态分布，则其期望值就是一阶半不变量，方差为二阶半不变量，其他阶半不变量为 0。

（4）计算各节点电压的半不变量 ΔX，$\Delta X = J_0^{-1} \cdot \Delta W = S_0 \cdot \Delta W$。

（5）计算支路潮流的灵敏度矩阵 T_0 和支路潮流的半不变量 ΔZ，$T_0 = G_0 \cdot S_0 = (\partial Z / \partial X)|_{X=X_0} \cdot S_0$，$\Delta Z = T_0 \cdot \Delta W$。

（6）根据半不变量求得中心距，进而求得 Gram-Charlier 展开级数系数，从而根据 Gram-Charlier 级数展开求得概率密度函数和累积分布函数。

半不变量法潮流计算算法流程如图 2-1 所示。

2. 基于蒙特卡洛法的概率潮流和线损计算

蒙特卡洛法也称为随机抽样技巧或者统计试验方法，是计算数学领域中的一个分支。蒙特卡洛法的两种重要思想分别是随机抽样和统计估计。蒙特卡洛法可以通过下面三个步骤构建基本框架：

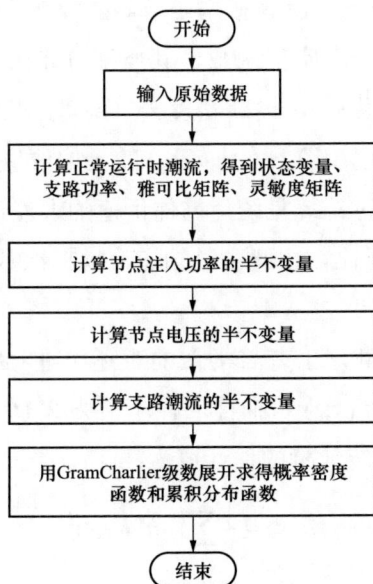

图 2-1 半不变量法潮流计算算法流程

（1）概率模型空间的建立。构建一个概率空间，确定概率空间元素以及它们之间的关系。

（2）样本值的抽取。通过抽样随机变量、随机过程的概率分布，得到样本值。

（3）统计量的确定，进行统计估计。随机变量、随机过程与统计量之间具有函数关系，通过拟合函数，计算样本值获取统计量的值。

蒙特卡洛法的两大数学基础为大数定理和中心极限定理，这两大数学基础为蒙特卡洛法提供了正确计算的方向。大数定理可以保证蒙特卡洛法稳定性和收敛性问题，确保蒙特卡洛法的估计值收敛到问题的正确结果。中心极限定理则解决了蒙特卡洛法的误差收敛速度问题。

蒙特卡洛方法可以用一个结构式来表示其基本框架，这个结构式为：

$$\left.\begin{array}{l} (\Omega,\ \mathbb{F},P);\omega\in\Omega;X(\omega):\Omega\in R;f(x);h(x);\mu;\sigma;X_i;h(X_i);\hat{h}= \\ \dfrac{1}{n}\sum_{i=1}^{n}h(X_i)\to\mu;\varepsilon\propto\sigma\!\!\Big/\!\!\sqrt{n} \end{array}\right\} \qquad (2\text{-}15)$$

式中，$(\Omega,\ \mathbb{F},P)$ 是一个概率空间。Ω 是样本空间，表示全体事件。$\mathbb{F}$ 是事件空

间，称为博雷尔空间，它是 Ω 的子集的集合。基本事件 ω 属于样本空间 Ω。P 是基本事件 ω 发生的概率测度，称为概率函数。在该概率空间中，随机变量 X 是定义在样本空间 Ω 上的一个实值函数，其概率分布为 $f(x)$。$h(x)$ 是随机由变量 x 构成的函数，其期望为 μ，标准差为 σ。样本值 X_i 是从概率分布 $f(x)$ 中的抽样，其统计量的取值为 $h(X_i)$。$\hat{h}$ 是 $h(X_i)$ 的无偏估值，也是平均值。$h(X_i)$ 依概率 P 收敛于统计量期望 μ。ε 是统计量估计值的误差，与标准差 σ 成正比，与模拟次数 n 的平方根成反比。由此可以知道，模拟次数越高，误差越小，模拟精度越高。

随机过程与随机变量几乎有着类似的表述。在该概率空间中，随机过程 $X(t)$ 的联合概率分布为 $f(x;t)$，抽样的样本值为 $X_i(t)$，统计量为 $h(x(t))$，统计量的取值为 $h(X_i(t))$，统计量的估计值为：

$$\hat{h}(x) = \frac{1}{n} \sum\nolimits_{i=1}^{n} h(X_i(t)) \qquad (2\text{-}16)$$

蒙特卡洛法的基本框架中有两个重要的特征量：一是概率分布，它是关于随机抽样问题；二是统计量，它是关于统计估计问题。

运用蒙特卡洛方法进行概率潮流计算的基本步骤为：

（1）对电源及负荷建立概率模型。

（2）根据上述概率模型，首先进行确定性潮流计算，数据选取来源于几组随机产生统计量，得到相应的若干组电压、功率数据。

（3）根据上述计算步骤所得数据，对待求量概率分布进行统计和分析。

基于蒙特卡洛法的概率潮流和线损计算算法流程如图 2-2 所示。

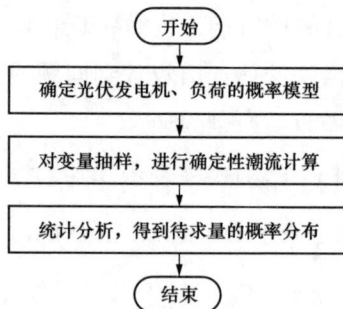

图 2-2　基于蒙特卡洛法的概率潮流和线损计算算法流程

2.1.3 0.4kV 低压电力网损耗计算方法

低压电力网定义为 0.4kV 以下电网。在《电力网电能损耗计算导则》（DL/T 686—2018）中，低压电力网的计算方法有等值电阻法、分相等值电阻法、分相潮流法和台区损失率法；对于计量装置完善、基础数据齐全的台区可采用分相潮流法或前推回代潮流法进行理论线损计算（前文已介绍）。

低压电力网比配电网更加复杂，有单相制、三相三线制、三相四线制等供电方式，而且存在各相电流不平衡、各种容量的变压器供电出线回路数不一样、沿线负荷的分布也没有规律以及同一回主干线还可能由多种不同截面导线组成等问题。同时，它往往缺乏完整、准确的线路参数和负荷数据。低压电网的电能损耗精确计算，要比计算配电网电能损耗量大得多，在实际运行难以操作。因此，简化条件较多的等值电阻法成为常用的计算方法。同时，随着分布式电源的广泛接入，传统等值电阻法的缺陷越来越显现，因此，本书在介绍传统等值电阻法的同时，提出考虑分布式电源的改进等值电阻法。

2.1.3.1 等值电阻法

0.4kV 低压电力网与 10（6/20）kV 中压配电网的特点相似，宜采用等值电阻法计算其损耗，即应用 10（6/20）kV 中压配电网等值电阻法的数学计算模型，结合 0.4kV 低压电力网的特殊性，利用配电变压器低压侧总表的有功、无功电量替代 10（6/20）kV 中压配电网的首端电量；利用各用户电能表的有功、无功电量计算出一个等效容量，并以此替代 10（6/20）kV 线路中配电变压器的容量。0.4kV 低压电力网等值电阻法电能损耗计算宜以台区为单元开展计算。

三相三线制和三相四线制的低压网线损理论计算公式为：

$$\Delta A_{b} = N(kI_{av})^2 R_{eqL} \cdot T \times 10^{-3} + \left(\frac{T}{24D}\right)\sum(\Delta A_{dbi} \cdot m_i) + \sum \Delta A_{C} \qquad (2\text{-}17)$$

式中 ΔA_{b}——三相负荷平衡时低压网理论线损电量，kWh；

N——电力网结构系数，单相供电取 2，三相三线制时取 3，三相四线制时取 3.5；

k——形状系数，A；

I_{av}——线路首端平均电流，A；

R_{eqL}——低压线路等值电阻，Ω；

T——运行时间，h；

D——全月日历天数；

$\Delta A_{\mathrm{db}i}$——第 i 类电能表月损耗，kWh；

m_i——第 i 类电能表的个数；

ΔA_{C}——无功补偿设备的损耗，kWh。

注：电能表类型可按计量方式分为单相电能表，三相电能表、三相四线电能表。

式（2-17）中等值电阻 R_{eqL} 的计算方法如下：

$$R_{\mathrm{eqL}} = \frac{\sum\limits_{j=1}^{n} N_j A_{j\cdot\Sigma}^2 R_j}{N\left(\sum\limits_{i=1}^{m} A_i\right)^2} \qquad (2\text{-}18)$$

式中　N_j——第 j 段线段的电力网结构系数；

$A_{j\cdot\Sigma}$——第 j 计算线段供电的用户电能表抄见电量之和，kWh；

R_j——第 j 计算线段的电阻，Ω；

N——配电变压器低压出口电力网结构系数；

m——用户电能表个数；

A_i——第 i 个用户电能表的抄见电量，kWh。

分相等值电阻法可计算出三相负荷不平衡时的损耗，计算公式为：

$$\Delta A_{\mathrm{nub}} = N(kI_{\mathrm{av}})^2 R_{\mathrm{eqL}} K_{\mathrm{b}} T \times 10^{-3} + \left(\frac{T}{24D}\right)\sum(\Delta A_{\mathrm{db}i} m_i) + \sum \Delta A_{\mathrm{C}} \qquad (2\text{-}19)$$

式中　ΔA_{unb}——三相负荷不平衡时低压线路的线损电量，kWh；

K_{b}——三相负荷不平衡与三相负荷平衡时损耗的比值。

K_{b} 与三相负荷不平衡度有关，计算公式分下列三种情况：

（1）三相负荷一相重、一相轻、一相平均：

$$K_{\mathrm{b}} = 1 + \frac{8}{3}\varepsilon_i^2 \qquad (2\text{-}20)$$

（2）三相负荷一相重、两相轻：

$$K_{\mathrm{b}} = 1 + 2\varepsilon_i^2 \qquad (2\text{-}21)$$

（3）三相负荷两相重、一相轻：

$$K_{b} = 1 + 8\varepsilon_{i}^{2} \qquad (2\text{-}22)$$

三相负荷电流不平衡度 ε_i 的计算公式为：

$$\varepsilon_{i} = \frac{I_{\max} - I_{\text{avp}}}{I_{\text{avp}}} \times 100\% \qquad (2\text{-}23)$$

式中　$I_{\max}$——最大一相负荷电流，A；

　　　I_{avp}——三相负荷电流平均值，即 A、B、C 相负荷电流的平均值，A。

当一相电流与 I_{avp} 的比值大于 1.2 时该相为重，比值为 0.8～1.2 时该相为平均，比值小于 0.8 时该相为轻。

2.1.3.2　考虑分布式电源的等值电阻法

现有的等值电阻法未考虑三相负荷不平衡。而当分布式电源大规模接入以后，三相不平衡会进一步加剧，因此需要对等值电阻法做出改进。本书将分布式电源考虑为一个负的负荷接入低压配电网中，在计算等值电阻的过程中将其考虑进去，从而反映分布式电源的接入对电网电能损耗的影响。

该改进方案直接用台区出口的 24h 三相电流来反映三相电流不平衡及负荷的波动性。除此之外，其他计算原理不变。

当可以采集到配电线路首端三相电流值时，可以采用下式进行电能损耗的计算：

$$\Delta A = (I_{a}^{2}R_{a} + I_{b}^{2}R_{b} + I_{c}^{2}R_{c} + I_{0}^{2}R_{0})T \times 10^{-3} \qquad (2\text{-}24)$$

式中　ΔA——电网时电能损耗，kWh；

　I_{a}、I_{b}、I_{c}——台区首端的 a 相、b 相和 c 相电流，A；

R_{a}、R_{b}、R_{c}——台区首端的 a 相、b 相和 c 相的等值电阻，Ω；

　　　I_{0}——台区首端的零线电流，A；

　　　R_{0}——台区首端的零线的等值电阻，Ω；

　　　T——计算电能损耗的时间，h。

其中，零线电流等于三相电流的矢量之和，计算公式为：

$$\dot{I}_{0} = \dot{I}_{a} + \dot{I}_{b} + \dot{I}_{c} \qquad (2\text{-}25)$$

式中　$\dot{I}_{0}$——台区首端的零线电流的复数形式，A。

现考虑三相线电阻值 R_{a}、R_{b}、R_{c} 与零线电阻值 R_{0} 均相等，都为等值电阻 R_{eq}，则式（2-23）可以简化为：

$$\Delta A = (I_a^2 + I_b^2 + I_c^2 + |\dot{I}_a + \dot{I}_b + \dot{I}_c|^2)R_{eq}T \times 10^{-3} \qquad (2\text{-}26)$$

式中　$\dot{I}_a$、$\dot{I}_b$、$\dot{I}_c$——台区首端的 a 相、b 相和 c 相电流的复数形式，A。

在计算时，假定 A、B、C 相在负荷不平衡时相角差仍互为 120°，则在已知三相电流的幅值后，得到台区首端的 a 相、b 相和 c 相电流的复数表达式，从而根据式（2-24）求出零线电流。

计算全天的电网电能损耗时，该改进方案需要输入 24h 的 a、b、c 三相电流，计算公式如式（2-26）所示

$$\Delta A_d = \sum_{i=1}^{24}(I_{a,i}^2 + I_{b,i}^2 + I_{c,i}^2 + |\dot{I}_{a,i} + \dot{I}_{b,i} + \dot{I}_{c,i}|^2)R_{eq} \times 10^{-3} \qquad (2\text{-}27)$$

最后得到的线损电量理论计算结果为：

$$\Delta A_d' = k^2 \cdot \Delta A_d = \frac{A_P^2 + A_Q^2}{3(V_a I_\Sigma)^2} \cdot \Delta A_d \qquad (2\text{-}28)$$

式中　$\Delta A_d'$——修正后的全天电网电能损耗，kWh。

2.2　同期线损管理模式

同期线损管理以实现线损指标归真、电量指标同步和考核指标客观为目标，真实掌握各层级、各环节、各元件的线损情况，及时发现电量和线损管理的薄弱点，并制定针对性措施降低损耗、挖潜增效。开展同期线损管理，能够实现电力经营管理全过程能量损失监测，为能量流、价值流、信息流有机贯通提供支撑。

同期线损管理具有如下优点：

1）线损指标归真，敏感反映生产管理问题；

2）有效指导电网规划建设，解决配电网薄弱问题；

3）加深专业管理，提升精益化管理水平；

4）深化成本效益分析，有力支撑公司决策；

5）电量指标同步，客观反映经济用电情况。

2.2.1　"四分"同期线损管理

通过同期线损各个环节的有效管理和控制，可实现同期线损从结果管理向过程管理的转变，从而保证线损总目标的实现。通过配置"四分"同期线损模

型，制定"四分"线损率的计算方法，实现"四分"同期线损的精益管理。

2.2.1.1 "四分"同期线损模型

"四分"同期线损基本模型如图 2-3 所示。根据供、售电量数据同期的线损计算模式，结合用电信息采集系统、营销业务应用系统以及电能量采集系统等专业系统中月末 24 点供售同期的供、售电量等电量数据，建立"四分"线损计算模型，并在此基础上完善了变电站、母线、开闭所、手拉手模型和算法。

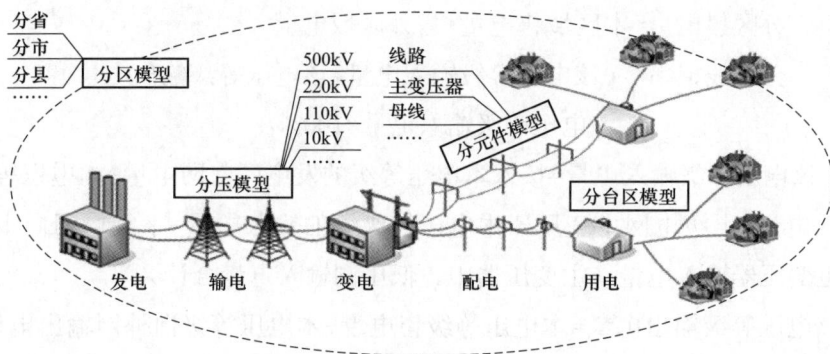

图 2-3 "四分"同期线损基本模型

2.2.1.2 "四分"同期线损计算公式

1. 线损率的计算

线损率计算公式和相关概念，在第 1 章已有相关介绍，此处不再赘述。

2. 有损线损率的计算

有损线损率=线损电量/（供电量−无损电量）×100%

= [（供电量−售电量）/（供电量−无损电量）] ×100%

其中：供、售电量定义与线损率计算方法相同。

无损电量是一个相对概念，是指在某一电压等级下或某一供电区域内没有产生线损的供（售）电量。

3. 各级线损率的计算

跨国跨区跨省网损率=跨国跨区跨省联络线和"点对网"送电线路

（输入电量−输出电量）/输入电量×100%

省网网损率=（省网输入电量−省网输出电量）/省网输入量×100%

其中：省网输入电量=电厂 220kV 及以上输入电量+220kV 及以上省间联络线

输入电量+地区电网向省网输入电量

27

省网输出电量=省网向地区电网输出电量+220kV 及以上用户售电量+

220kV 及以上省间联络线输出电量

分区线损率=（分区供电量–分区售电量）/分区供电量×100%

其中：分区供电量=区域管辖电厂上网电量+（同级区域之间联络线输入电量–同级区域之间联络线输出电量）+（上级管理区域送入电量–向上级管理区域送出电量）。

分区售电量=本区域售电量+售外区域电量

分压线损率=（该电压等级输入电量–该电压等级输出电量）/

该电压等级输入电量×100%

其中：该电压等级输入电量=接入本电压等级的发电厂上网电量+本电压等级外网输入电量+上级电网主变压器本电压等级侧的输入电量+下级电网向本电压等级主变压器输入电量（主变压器中、低压侧输入电量合计）。

该电压等级输出电量=本电压等级售电量+本电压等级向外网输出电量+本电压等级主变压器向下级电网输出电量（主变压器中、低压侧输出电量合计）+上级电网主变压器本电压等级侧的输出电量。

分元件线损率=（元件输入电量–元件输出电量）/元件输入电量×100%

其中：变压器输入电量是变压器高、中、低压侧流入变压器的电量之和，变压器输出电量是变压器高、中、低压侧流出变压器的电量之和。

分台区线损率=（台区总表电量–用户售电量）/台区总表电量×100%

两台及以上变压器低压侧并联，或低压联络开关并联运行的，可将所有并联运行的变压器视为一个台区单元统计线损率。

输电线路线损率=[∑（关联计量点正向电量）–∑（关联计量点反向电量)] /

∑（关联计量点正向电量）×100%

配电线路线损率=（输入电量–输出电量–售电量）/输入电量×100%

4. 母线电能不平衡率

母线电能不平衡率=（输入电量–输出电量）/输入电量×100%

2.2.2 同期线损监测管理

同期线损监测管理主要针对同期线损关键指标进行监测和管理。线损指标管理是指一定时期内线损管理活动与其达到的成果或效果的统称，也称为线损目标管理。通过对分区、分压、分元件、分台区线损指标的管理以及完成情况的考核，从而实现对线损管理网络乃至全体员工降损节能的激励作用。同期线损监测管理工作应围绕精准降损的目标，以中压线损数据归真、低压线损精益化管理为重点，做真做实基础数据，推动电网同期线损管理水平的进一步提升。

2.2.2.1 常见指标

常见的同期线损重点指标包括档案类指标、采集类指标、电量类指标、线损模型类指标及线损类指标。

档案类指标是指各单位同期线损管理系统中的电网设备接入情况，基础参数、拓扑关系等数据质量方面的评价指标，用于监测设备档案等基础数据质量问题，如表 2-1 所示。

表 2-1   档 案 类 指 标

指标分类	指标名称	用途
档案类指标	设备档案一致性	监测各单位数据同步质量
	台区找不到供电所	监测各单位营配贯通数据质量
	线变关系异常	
	台变关系异常	
	无台区变压器关系台区数	
	台区下用户数量超过 2000 台区	
	变电站图形不完整数	统计各单位电网基础情况
	超长线路	
	特殊、异常、单元接线	
	智能变电站输电线路条数	
	公司资产用户专线	
	智能变电站 10（20/6）kV 配线条数	
	无台区总表台区数	
	农排灌台区数	
	基础数据治理率	监测各单位理论线损计算基础情况
	理论线损可算率	

采集类指标是指各单位各类表底的零点冻结表底示数完整情况的评价指标，用于监测表底采集质量，如表 2-2 所示。

表 2-2 采 集 类 指 标

指标分类	指标名称	用途
采集类指标	供电关口表底完整率	监测各单位各类表计冻结表底采集情况
	高压用户表底完整率	
	台区关口表底完整率	
	分布式电源用户表底完整率	

电量类指标是指各单位各类关口电量质量的统计指标，用于分析电量数据可用性，辅助采集运维，如表 2-3 所示。

表 2-3 电 量 类 指 标

指标分类	指标名称	用途
电量类指标	供电关口电量异常	监测各单位各类关口同期电量质量
	高压用户电量异常	
	台区关口电量异常	
	主网设备监测	监测各单位各类设备同期电量与理论电量质量
	10kV 线路监测	
	台区监测	

线损模型类指标是指各单位"四分"线损模型配置质量的统计指标，用于发现线损模型配置的问题，提升模型配置准确性，如表 2-4 所示。

表 2-4 线损模型类指标

指标分类	指标名称	用途
线损模型类指标	分级模型异常	监测各单位"四分"线损模型配置质量
	分区、分压模型异常	
	分压关口配置异常	
	输入输出模型一致数	

指标分类	指标名称	用途
线损模型类指标	输入输出模型为单一计量点数	监测各单位"四分"线损模型配置质量
	输入输出母线为同一变电站数	
	模型只配置了输入或输出的输电线路数	
	配电线路打包率	

线损类指标是指各单位"四分"线损水平的评价指标，用于分析单位、设备的线损及运行水平，如表 2-5 所示。

表 2-5 　　　　　　　　　　线 损 类 指 标

指标分类	指标名称	用途
线损类指标	分区同期月线损合格率	监测各单位"四分"线损情况
	分压同期月线损合格率	
	统计月线损	
	35kV 及以上高损线路治理率	
	10kV 分线日监测率	
	台区日监测率	
	母线平衡率	
	10kV 高损线路治理	
	10kV 线路负损巩固	
	高损台区治理	
	台区负损巩固	
	10kV 线路优化运行率	
	台区优化运行率	

2.2.2.2　管理运作流程

同期线损管理运作流程可分为数据融合治理、线损计算和指标管控、节能降损应用三个阶段，涉及发展部、运检部、营销部和调控中心四大专业部门，包括省、市、县三级供电公司。

主要的数据融合治理流程节点及过程描述见图 2-4，主要的线损计算和指标管控流程节点及过程描述见图 2-5。

发展部	营销部	调控中心	设备部

1.发起流程

2.制定"四分"线损目标任务（规范流程、线损结果、节能应用）

| 3.1 一体化电量与线损系统 | 3.2 用电信息采集系统 | 3.3 电能量、SCADA系统 | 3.4 PMS3.0、营配贯通 |

| 4.1系统数据融合 | 4.2台账、运行、拓扑数据评估 | 4.3台账、运行、拓扑数据评估 | 4.4台账、运行、拓扑数据评估 |

结束

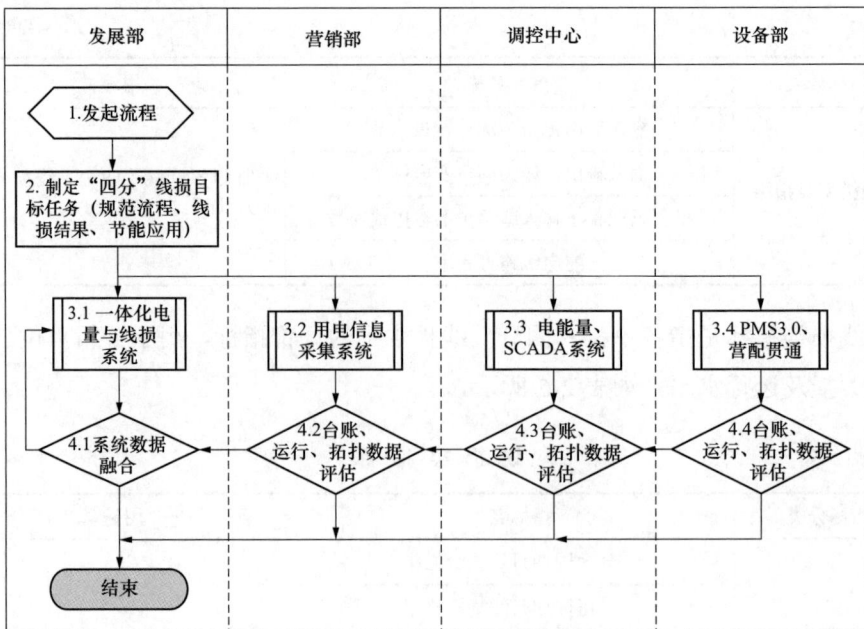

图 2-4　数据融合治理流程

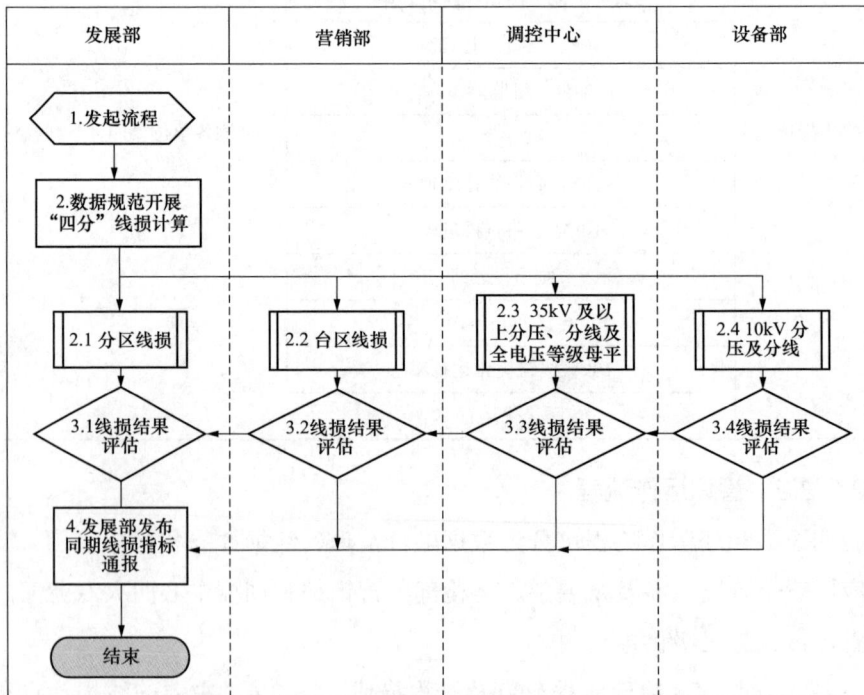

发展部	营销部	调控中心	设备部

1.发起流程

2.数据规范开展"四分"线损计算

| 2.1 分区线损 | 2.2 台区线损 | 2.3 35kV 及以上分压、分线及全电压等级母平 | 2.4 10kV 分压及分线 |

| 3.1线损结果评估 | 3.2线损结果评估 | 3.3线损结果评估 | 3.4线损结果评估 |

4.发展部发布同期线损指标通报

结束

图 2-5　线损计算和指标管控流程

主要的节能降损应用节点及过程描述见图 2-6。

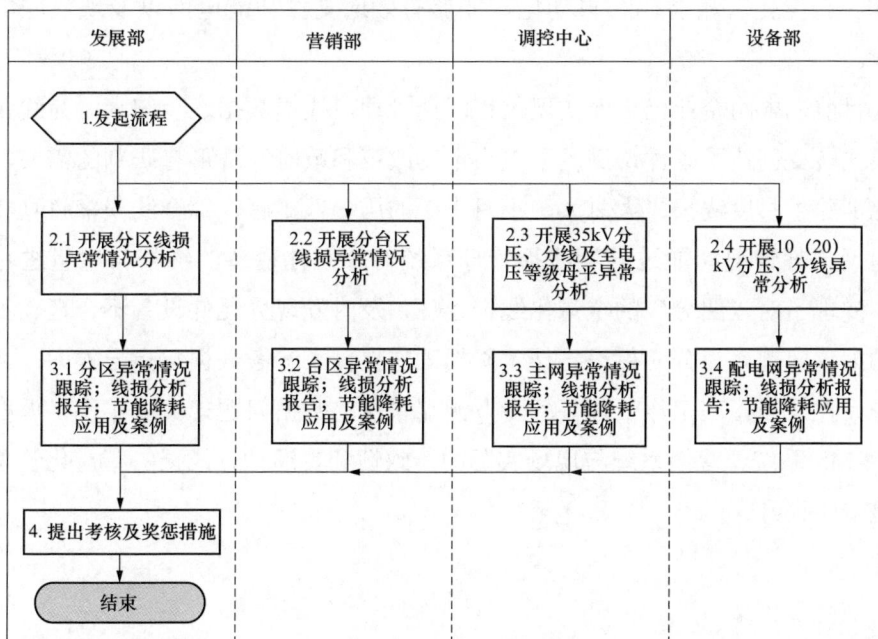

图 2-6　节能降损应用

2.2.3　同期线损管理系统

"十三五"以来，国家电网有限公司在一体化信息系统建设的大背景下，通过建设一体化电量与线损管理系统（简称同期线损管理系统），利用电能量采集、用电信息采集、营销业务、生产管理、调度管理、数据采集与监视控制系统（SCADA）六大专业系统数据，将同期线损管理方法通过同期线损管理系统实现，自动生成线损指标，实现对关口、计量、设备、电量等关键节点信息实时统一监控，掌握各层级、各环节、各元件线损情况，及时发现电网高损问题，因类施策，提升电网经济运行水平。同时，强化电量精细管理，杜绝跑冒滴漏，确保电量颗粒归仓，最大限度保障公司经营效益，有效规避审计风险和经营风险，实现线损全过程闭环管理。

同期线损管理系统的功能是充分利用各专业系统，以加强基础管理、支撑专业分析、满足高级应用、实现智能决策为功能主线，实现电量源头采集、线损自动生成、指标全过程监控、业务全方位贯通协调，实现电量与线损管理标准化、智能化、精益化和自动化，能够有效地支撑智能电网以及现代配电网建设。

目前，电网企业已全面实现供售同期管理，线损数据逐步归真，为线损管控模式转变创造了条件，满足了电力市场改革和政府经济形势研判的需要，同时也消除了月度线损"大月大、小月小"的历史性难题，综合线损率将真实反映电网损耗情况。通过同期线损管理系统对分元件设备的线损与电量进行监测，实现了对"四分"的全量化线损管理，及时发现分元件设备不合理、不科学的配置问题，为分元件设备技术降损工作提供了参考数据与指导方向，并通过分元件线损管理工作治理了各专业源端系统的数据问题，真正实现了调度系统、PMS 系统、营销系统与现场实际的一致性和贯通性，线损的精益化管理水平进一步提升。

3

规 划 降 损

电网规划降损是指在网架规划时，充分考虑电网协调发展与结构优化、电力稳定供应的同时，合理地采取各种切实可行的节能降损措施，尽可能地降低损耗。在降损规划制定过程中，需要推动节能低碳理念与新型电力系统建设深入融合，并结合"十四五"电网规划和电网经济运行评估结果，以及当前电网设备、经营管理、理论线损、电网运行等情况，开展降损潜力分析，提出降损目标及措施建议，形成降损规划报告，指导规划期内线损指标的制定与降损计划的有序实施。降损规划应坚持以下主要原则：

1. 坚持统筹规划和分级实施相结合的原则

加强规划统筹、上下联动，积极做好与各项规划的有效衔接，做好对各级供电公司降损节能规划的指导。统一制定工作总目标和重点任务，不断完善线损管理体系，夯实线损管理基础，强化线损监测分析，加强线损理论分析与政策研究，不断挖掘技术降损空间，创新管理降损手段，使电网和设备运行在更加合理的区间，在提升设备利用效率的同时促进节能降耗，稳步提高线损管理水平，实现从结果管理向过程管理的转变。

2. 坚持问题导向、目标导向、结果导向相统一的原则

以着力解决当前线损管理存在的矛盾和问题为导向，以助力浙江全面建设建成绿色电网为目标，以电网发展成效为准绳和落脚点，增强规划工作的务实性和有效性。通过三者相互贯通、相互承接，合理制定规划目标和实施方案，提升规划的前瞻性、科学性和针对性。进一步完善线损管理体系，深化同期线损系统应用，以科学规划为引领，按照电网规划明确的边界条件，查找电网网架和运行等薄弱环节，明确阶段性降损目标和路径，提出针对性措施；以高损元件治理为重点，进一步减少存量、控制增量。

在规划实施过程中，应当遵照国家、行业颁布的有关规定，完善电网网络结构，简化电压等级序列，缩短供电半径，减少迂回供电，合理选择导线截面、变压器规格和容量，制定防窃电措施，淘汰高损耗变压器，降低技术线损，不断提高电网的经济运行水平。电网规划要密切跟踪电力供需走势、负荷结构变化以及新技术、新产品应用对线损率指标的影响，适时组织专家进行阶段性评估，及时发现问题，认真分析原因，提出有针对性的对策建议。

3.1 输电网规划降损

在输电网规划中，应从全局着眼，统筹考虑电网发展方向，着重优化电网结构，建设合理的输电网。电网结构优化主要从电压等级序列、各级变电站的供电范围、各级变压器的容量配置和网络布局等方面开展。电网结构对线损具有重要影响，在电网的规划建设与改造过程中，要充分考虑对线损的影响。电网结构不合理将导致网损增加、电压合格率降低、运行方式不灵活、供电安全可靠性差以及建设费用增加等不良后果。而引起电网结构不合理的主要原因是原先的规划设计不合理及用电负荷的不断发展变化等。为此，在进行输电网规划时应重新审视现有的电网结构特性，持续不断地优化电网结构。

输电网优化规划的目标是寻求最佳的电网投资决策以保证整个电力系统的长期最优发展。其任务是根据规划期间的负荷增长及电源规划方案，确定相应的最佳电网结构。输电网规划是一个变量数多、约束条件复杂的优化问题，输电网规划模型的建立是开展输电网规划的决策依据和指导思想，不同类型的输电网规划模型可得到不同要求的输电网规划方案。一般将输电网规划模型转化为运筹学中的数学模型来处理，其模型主要包括变量、目标函数和约束条件三个要素。

（1）变量。变量有状态变量和决策变量两类。状态变量表示电力系统的运行状态，如节点电压、线路潮流、发电机出力、负荷大小等，它一般是实数型变量；决策变量表示待架线路是否选中加入网络，决定了网络扩建的拓扑结构，它一般是整数型变量。

（2）目标函数。目标函数是状态变量和决策变量的函数，它用数字的大小表达规划方案的优劣，包括输电网线路建设费用和运行费用等。

（3）约束条件。约束条件是对状态变量和决策变量的约束，使它们各自满足上下界或制约关系等。不同的约束条件影响着最优规划方案的形成，目前大多数输电网规划模型中只考虑线路的过负荷和潮流约束条件，没有考虑节点电压、系统稳定、可靠性指标等约束条件。

3.1.1 输电网规划模型

1. 单目标规划模型与多目标规划模型

根据规划模型目标函数个数的不同，输电网规划模型可分为单目标规划模型和多目标规划模型。只有一个目标函数的为单目标规划模型，有两个及以上目标函数的为多目标规划模型。长期以来，单目标规划模型一直以经济性为主，经济性方面一般包括输电线路的建设费用和运行费用。随着电力市场的发展及人们对电网输电可靠性的要求越来越高，输电网规划不仅仅要考虑经济性还要考虑电网输电的可靠性水平，使用户和电力工业都得到最大利益。单目标规划模型适用于规划单一性的目标函数，比如只考虑输电网建设的经济性或可靠性。而多目标规划模型可以很好地兼顾经济性和可靠性，它将相关的目标函数单项列出，作为子目标函数考虑，这样既单独又统一地分析了经济性和可靠性，使得规划方案在经济性和可靠性方面寻求最优的平衡点。

2. 静态规划模型和动态规划模型

输电网规划不仅要解决在何处投建何种类型的输电线路，还要考虑何时投入。根据是否考虑时段因素，输电网规划模型分为静态规划模型和动态规划模型。静态规划模型是单阶段规划模型，它规划的是最终水平年的最佳网络结构方案，而动态规划模型是多阶段规划模型，规划时还要考虑各阶段之间的过渡情况，前一阶段的规划结果对后一阶段的规划有关联影响，每一阶段的扩展方案既要考虑本阶段的要求还要考虑整个规划期的要求。动态规划根据规划期的长短可以划分为短期规划（一般为 1～5 年）、中长期规划（一般为 5～15 年）、远景规划（一般为 15～30 年）。动态规划一般比静态规划的时期长，它详细地规划出每个阶段在何处投建何种类型的输电线路。

3. 确定型规划模型和不确定型规划模型

随着电力市场的改革和发展，输电网规划面临越来越多不确定因素的影响，主要包括电源规划、负荷预测、国家政策变化、社会经济发展等。根据是否考虑不确定性因素，输电网规划模型分为不确定型规划模型和确定型规划模型。对于不确定性因素的处理方法一般分为两类：一类是基于多场景技术的输电网规划，主要是将不确定性因素根据实际情况和运行经验进行多种情况预测，并组成各种未来场景，也就是将不确定性因素转化为确定性因素，然后进行传统规划得出方案；另一类是基于不确定性理论的输电网规划，运用数学上的不确定性理论建模并计算。

3.1.2　数学优化方法

数学优化方法用数学优化模型描述输电网优化规划问题，理论上可以保证规划结果的最优性。但通常计算量很大，在实际应用中有一些困难：首先，要考虑的因素多，问题阶数大，因而难于建模，即使建立了优化模型，也不太容易求解；其次，实际中的许多因素不能完全形式化，即使通过简化获得形式化的优化模型，这样得到的所谓最优解与真正的最优解也可能存在一定的偏差。

常用的一些数学优化模型有以下四种：

（1）线性规划。线性规划是理论和求解都很完善的数学方法。在电网规划中，通常根据实际情况，采取线性化措施，建立线性的电网规划模型。线性规划法具有计算简单、求解速度快等优点。但实际电力系统中的问题大多为非线性，通过简化去除非线性会带来规划误差。

（2）分解方法。电网规划问题规模通常很大，不利于求解，可将其分解成多个相对简单的子问题，然后通过求解各个小的子问题求得最优解。目前在输电网优化规划中用得最多的是 Benders 分解。

（3）分支定界法。分支定界算法是运筹学中求解整数规划的一个行之有效的算法。由于电网规划中的决策变量（线路是否被选中）为 0 或 1 整数，通常的规划模型均为一个混合整数规划模型，适于用分支定界法来求解。采用分支定界法与 Benders 分解技术相结合求解电网规划的运算模型。当系统规模比较大时，分支定界法需要考虑的分支过多，计算量也会很大。

（4）现代启发式算法。现代启发式算法是模拟自然界中一些"优化"现象研究出的一类比较新的优化求解算法，适用于求解组合优化问题以及目标函数或某些约束条件不可微的非线性优化问题。它比较接近于人类的思维方式，易于理解，用这类算法求解组合优化问题在得到最优解的同时也可以得到一些次优解，便于规划人员研究比较。此类算法主要有模拟退火算法、遗传算法、Tabu搜索法、蚂蚁算法等。

除了上述求解方法之外，还有其他一些方法也被应用到输电网优化规划中，例如人工神经网络方法、专家系统法、进化规划算法以及将启发式方法与数学优化方法相结合的算法等。

电网规划应重视加强网架结构的建设，重点研究规划的目标网架，电网结构应达到如下要求：

（1）安全可靠、灵活、经济合理，具有较强的应变能力。

（2）潮流分布合理，避免出现网内环流。

（3）贯彻"分层分区"的原则，使网络结构简明，层次清晰。

（4）严格控制专用线和不带负荷联络线，以节约走廊资源和提高设备利用率。

3.1.3 实践案例——电网优化工程

浙南某县地形复杂，地势由西南向东北渐倾，东西跨度 79km、南北跨度 31km，人口密度 87 人/km²，仅为浙江省人口密度平均水平（542 人/km²）的 1/6。

改造前，该县西部范围广，35kV 变电站布点分散，以某镇为中心的西部各乡镇目前水电装机容量为 25.5MW，同时也是新能源基地，但电网设备满足不了负荷送出需求。且现状供电区域配电网供电半径长，季节性负荷突出，存在电网安全运行风险，无法应对经济社会和用电负荷发展需求。需尽快开展该区域 110kV 主供电源规划落地，通过其配套送出工程来优化区域网架结构。

该县西部无 110kV 变电站，水电数量较多，存在 7 座 35kV 电站，上送至周边 110kV 和 220kV 变电站。110kV 变电站自身上送电量较大，只能分担部分水电的上送任务，而通过 220kV 变电站的上送通道路径太长，且在丰水期时上送通道十分拥堵，因此造成 35kV 分压线损的损失电量高。2021 年该县 35kV分压线损率 2.30%，线损电量 655.00 万 kWh。在 5~8 月丰水期时，35kV 分压线损均在 2.4%左右，新增 110kV 变电站布点刻不容缓。

改造后，该县通过某 110kV 输变电工程及其 35kV 配套工程对西部电网进行改造优化。110kV 变电站投运后，缩短水电上送距离的同时减小了供电半径，有效缓解了原电站的供电压力。该项目投运半年以后，35kV 分压线损率降至 1.39%。从 4 月份起 35kV 分压线损率大幅下降，在 5～8 月丰水期时，35kV 分压线损均在 1.8%左右，降损成效显著。

3.2　配电网规划降损

配电网是城市的重要基础设施，与城市的发展有着密切的联系。配电网规划是城市发展规划的重要部分，城市的配电网建设须和城市建设紧密配合，同时实施，要有超前的意识且与城市景观协调。科学制定城市配电网的发展规划，满足城市长远发展的用电需求，是一项非常重要的战略任务。一方面，由于负荷发展的不确定性，城市配电网规划的网架结构需根据负荷发展情况进行相应的调整和改造，导致城市配电网规划的滚动更新周期要比高压输电网规划频繁；另一方面，由于城市配电网的设备量大而广，为了解决供电瓶颈的问题，仅凭经验处理过负荷线路是不够的，需要从城市配电网网架结构上总体优化配置，提高城市配电网供电能力，才能发挥出最大的经济效益和社会效益。

城市配电网规划是指在城市配电网现状的基础上，分析和研究未来负荷增长情况设计一套配电网扩建和改造计划。在尽可能满足未来用户接入容量和电能质量的情况下，对可能的各种接线形式、不同的线路数和不同的导线截面，以电网运行经济性为考量指标，选择最优或次优方案作为规划改造方案，从而降低用电成本。配电网规模日益庞大，涉及设备多，需要考虑的因素多，而且难以定量化和确定化，故配电网规划优化的方法通常是确定一些电网结构参数，对比这些参数的实际值与优化值，宏观地找出电网结构存在的问题，在规划设计中有针对性地采取技术措施调整电网结构，使各结构参数尽可能地接近优化值。

3.2.1　配电网的优化布局

配电网布局是指变电站布点和线路连接，具体内容包括 35kV 及以上变电站选址和 10kV 配电网接线的走向。整体从技术经济角度评价配电网布局，可以通过选择确定的一些网架结构参数来评价，这些参数包括合理的供电半径长度比、各级电压线路总长度比、分支线与主干线长度比等。研究这些比例关系，有利于在电网规划设计中提出相对合理的方案，使电网结构向优化的方向发展，从而降低电网中的电能损耗。

（1）线路长度与变压器容量的合理配置。假设不同电压等级电网线路的允许供电半径给定、不同电压等级电网允许功率损失率给定，则可以计算线路长度与变压器容量的合理配置系数。

（2）不同电压等级线路长度的合理配置。首先计算出两个电压等级线路长度和变压器容量的合理配置系数，将两个电压等级的合理配置系数相除即可得到两个电压等级线路长度的合理配置。

（3）合理配置配电变压器。要合理配置配电变压器，须对各个配电台区定期进行负荷测量，准确掌握各个台区的负荷情况及发展趋势。对于负荷分配不合理的台区，可通过适当调整配电变压器的供电负荷，使各台区的负荷率尽量接近 75%，此时配电变压器处于经济运行状态。在规划低压配电网时，也要考虑该区的负荷增长趋势，准确合理选用配电变压器的容量，不宜过大也不宜过小，避免"大马拉小车"的现象；对于长期处于满载、超载运行的变压器，应更换容量较大的变压器；对于空载或轻载变压器应适时合并运行或停运；在变压器各相间负荷严重不平衡时，要及时调整，尽量使各相负荷趋近平衡。必须严格按国家有关规定选用低损耗变压器，对于历史遗留运行中的高损耗变压器，在经济条件许可的情况下应逐步更换为低损耗变压器，减少配电网的变电损耗，从而提高电网的经济效益。

合理配置各级变电站变压器容量对于优化网络结构有着重要的影响，为此需要考虑主、配电变压器容量比和配电变压器、用电设备容量比等参数，从宏观的角度来反映出电网的设备利用及运行的经济情况。

3.2.2 配电网建设与改造

1. 改善电网结构，优化供电半径

由于各种历史原因，中低压配电网输送容量不足，出现"卡脖子"、供电半径过长等问题。这不仅影响了供电安全和质量，还增大了电网线损电量。加强中低压配电网的建设与改造，改善电网结构，优化供电半径，不仅能提高电网的输送功率，而且能降低线损，保证供电质量。尤其对于 10（20）kV 配电网，由于覆盖范围广，供电线路多，存在主干线过长、迂回供电等情况，致使供电电压质量差、损耗大，因此必须合理规划布局线路，增设变电站，缩短供电半径。

目前我国配电网普遍采用 10（20）kV 电压等级，它的供电范围将直接影响到 35kV 以上电压等级电网的供电半径、变电站布点和容量选择。因此，确定 10（20）kV 线路的经济供电半径，对于优化该电压等级供电范围及整个电网结构都具有重要的技术经济意义。10（20）kV 配电网合理供电半径按线路允许电压损失决定输送能力，然后按线路线损率控制标准得。为了保证各类用户受电电压质量，《城市电力网规划设计导则》（Q/GDW 156—2006）规定各级城市配电网允许的最大电压损失必须满足：10（20）kV 线路电压损失标准为 2%～4%，380V 线路电压损失标准为小于 3%。

35kV 及以上电压等级线路主要作为送电线路，故导线均按经济电流密度选择，且供电半径多数通过线路允许电压损失来控制。因此，若能同时满足上述要求，可以认为符合送电线路的技术经济条件。35kV 及以上线路允许供电半径为电网主网架布局规划以及与上一级电压网合理联络提供了依据。

2. 新增变电站布点

新增变电站布点，能够改善线路电流分布，缩短线路供电半径。合理的变电站的布点主要取决于供电区域负荷密度与供电半径。在规划期内，35kV 及以上电压等级的变电站布点对于网络结构的合理性有着重要的影响，因此已成为高中压配电网规划的一项重要内容。常规规划方法中，主要是根据已知的电网结构、电力电量预测结果等数据，提出若干个地理布置方案，然后进行技术经济比较推荐规划方案。在方案设计中，首先考虑站址应尽可能靠近负荷中心，或靠近高负荷密度地区的中心，避免出现从一个变电站向较多负荷中心供电的情况；其次，由于只能从有限数目的合适地点中进行选择，规划方案必须考虑包括线路费用在内的总建设费用，否则方案的经济评估将失去合理意义。如果考虑上一级高压电网的送电距离费用和下一级中压电网线路数目费用，那么站址的相对最优位置将由高压和中压线路的数目和长度来决定。变电站布点及设计应满足如下要求：

（1）在符合城乡总体规划的基础上，变电站布点应以负荷分布为依据，兼顾电网结构优化调整的要求统筹考虑；站址选择需结合建站条件，通过方案比选确定。

（2）必须保证高一级电压电网的下供容量能可靠地输送给低一级电压电网，应具有合理的容载比。对于有发展潜力、处于发展初期或快速发展期的地区，可适当提高容载比取值；对于负荷增长率低，网络结构联系紧密的地区，容载比可适当降低。在满足用电需求、可靠性要求前提下，应逐步降低容载比，以提高投资效益。

（3）在负荷密度较大的地区，根据城市规划和廊道情况，变电站设计宜选择大容量、多台变压器方案；变电站本期容量的选择除满足近期负荷的需要外，一般建成后 3～5 年内不扩建。

（4）在负荷密集，但变电站布点困难的地区，可考虑较高一级电压深入到城市中心地区，新建高一级变电站宜考虑建设多台、大容量主变压器，以减少变电站布点、缩短供电距离、降低网络损耗和节约土地资源。

3. 变电站的容量

在配电网规划中，选取 10kV 线路经济供电半径时，相应的 35kV（110kV）变电站的控制供电范围 M（km^2）的计算公式如下：

$$M = 2\sqrt{3}L_j^2$$

式中　L_j——10kV 线路经济供电半径，km。

由于假设前提认为供电负荷在供电区域内是均匀分布的，故实际控制面积将小于上述的理论值。同时，变电站的设计容量为

$$S = \frac{P}{\cos\varphi} = \frac{\sigma M(1+\Delta P)}{\cos\varphi} = \frac{2\sqrt{3}L_j^2\sigma(1+\Delta P)}{\cos\varphi}$$

式中　S——变电站的设计容量，kVA；

　　　P——变电站的供电负荷，kW；

　　　ΔP——10kV 线路的功率损失率，%；

　　　$\cos\varphi$——变电站要求达到的功率因数水平。

统计计算结果表明，一般 35kV 变电站的最大容量为 10～40MVA。若所需负荷更大时，应考虑增加布点或建设高一级电压的变电站供电。有些农业用电比重较大的地区，可能实际负荷很低，但 35kV 变电站的最小容量也不应小于 1MVA。此外，还应考虑用电地区的负荷特点、地区的经济发展水平等因素。

对于负荷季节性强、波动较大的地区，其变电站主变压器的台数宜选择两台，并考虑具备并列运行的可能性。两台主变压器可以相同容量，但在负荷峰谷差大的地区，两台主变压器容量宜选择一大一小。其中小容量主变压器的选择，应以能满足低谷时最小负荷不低于其额定容量的 50% 为宜。

3.2.3 电源资源配置

根据区域电源规模现状及规划，结合理论线损计算和同期线损监测分析，积极引导区域电源合理配置，充分发挥源网荷储协调互济能力，并结合需求侧负荷特性和电网调节能力，优先利用清洁能源资源，实现清洁能源就地平衡，推进电力系统源网荷储一体化和多能互补发展，打造示范先行区域，促进能源转型和绿色发展。

在电力需求持续增加，我国产业结构由中低端向中高端提升、第三产业和城乡居民用电量占比持续增加的背景下，为了更好地发挥不同区域传统能源和可再生能源的协同优势，通过技术创新和管理创新等方式，改变电源侧调节能力相对较弱的现状，从源头上为电网运行效能提升夯实基础。

1. 全面评估地区电源现状，综合评估源侧运行情况

以供电网格为单位，梳理分析现有的水电、风电、光伏、核电、生物质发电等清洁能源的发展和消纳情况，研判未来数年的发展潜力。

从各类电源及储能接入来看，尤其是分布式能源的接入规模、接入点、影响因素等方面，同时结合"源"的质（接入能源类型、气候影响）和量（接入规模、接入点分布），对电网源侧相关运行损耗情况进行综合评估。

2. 编制地区电力发展规划，统筹考虑电源建设布局

基于地区电源现状评估结果，将源侧引起的风险和损耗纳入地方电力发展规划，提出优化电源布局的总体构想。积极支持水电、光伏、风电、核电等清洁能源协调发展，多元稳步推进清洁替代，基于消纳能力和资源禀赋建立省地

两级引导机制。

以实现省级、市（县）级、园区（居民区）级源网荷储一体化为目标，编制地区电力发展规划，加强规划设计的广度和深度，强化统筹电网安全、效率与效益协同提升，推进新型电力系统电网规划方法研究与应用。电源规划充分融合新能源技术发展趋势，如借助高精度、高分辨率、中长期时间尺度等发电功率预测趋势，切实降低新能源出力预测不确定性对电网运行带来的风险；通过虚拟同步机技术模拟同步发电机的有功调频以及无功调压等特性，增加系统惯性，提升风电、光伏发电上网的稳定性、安全性，防止脱网。

将促进清洁能源发展放在突出位置：①参与清洁能源发展规划，清洁能源开发规模进一步向消纳条件较好地区倾斜，优先鼓励分散式、分布式可再生能源开发；②引导政府有序安排清洁能源投产进度，开展新能源消纳能力专项评估，发布实施接入风险预警，引导各地区将落实清洁能源电力市场消纳条件作为安排本区域新增清洁能源项目规模的前提条件，充分发挥规划引领约束作用，消除无序发展给电网运行带来的潜在安全隐患；③积极促进煤电有序清洁发展。

3. 强化能源就地平衡能力，减少源网输送损耗

以绿色低碳、多能互补、高效利用为原则配置电源资源，全面提升能源就地平衡能力。

（1）推动可再生能源就近高效利用。制定规则标准，引导集中式新能源站参与电网调节，加强分布式新能源集中管控，提升监测能力。加快柔性直流输电等适应波动性可再生能源的电网新技术应用，探索可再生能源富余电力转化为热能、冷能、氢能，实现可再生能源多途径就近高效利用。

（2）强化电源侧灵活调节作用。加快释放核电、非统调电源调峰能力，充分发挥流域梯级水电站、具有较强调节性能水电站、火电机组、储能设施的调节能力，减轻送受端系统的调峰压力，力争各类可再生能源综合利用率保持在合理水平。动态分析、动态预测、动态优化各类电源受入，综合平衡电源受入曲线，降低送入特别是新能源发电送入曲线不平衡带来的损耗。

（3）优化储能技术发展方式。充分发挥储电、储热、储气、储冷在规模、效率和成本方面的各自优势，实现多类储能的有机结合。统筹推进集中式和分

布式储能电站建设，推进储能聚合、储能共享等新兴业态，最大化利用储能资源，充分发挥储能的调峰、调频和备用等多类效益。

（4）兼顾电力平衡和电量平衡，实施容载比动态调整策略。

（5）依托 5G 等现代信息通信及智能化技术，加强全网统一调度，研究建立源网荷储灵活高效互动的电力运行与市场体系，充分发挥区域电网的调节作用。

（6）促进直流配电网与分布式电源和微电网联动升级，提升配电网互联互通和智能控制能力，满足分布式清洁能源并网和多元负荷用电需要。

4. 加快推进多种新业态建设，助力多能接入发展态势

充分利用现有电网基础资源，并在新的电源布点规划中充分融合光伏电站、储能站、5G 基站、电动汽车充电站、数据中心、换电站等多种功能，全面推进"多站融合"项目建设。

基于先进的协调控制技术、智能计量技术和信息通信技术加快推进虚拟电厂的研究和运行，鼓励用户积极参与虚拟电厂建设，合理规划虚拟电厂的范围及职能，制定合理的竞争机制和有针对性的引导政策，完善电力市场运营机制。

大力推广国网电商工业互联网云平台应用，以"服务能源行业，创新产业生态"为目标，进一步加强与产业链制造企业的协同合作，积极打造能源产业生态圈，发掘价值链新的增长点，助力能源行业转型升级，实现让制造更智能、让供应链更智慧、让运维更高效、让服务更专业的目标。

推动储能与新能源发电、电力系统协调优化运行，加快探索"新能源+储能"模式，推广"光充储"一体化模式；挖掘源网荷三侧储能商业模式、应用场景和价值创造，促进灵活资源联合运营和收益机制，推动氢能等储能载体与电网耦合发展。

5. 打造省市县区域能源示范区，全面提升区域电网运行效能

基于供电网格能源供给现状和潜在需求，围绕常规条件下的自平衡和极限情况下的孤网运行，打造各级具有特色的区域能源自平衡和微电网示范区。通过综合评估确定可再生能源资源丰富的地区，建设可再生能源综合消纳示范区。

按照"示范先行、引领推广、全面提升"的思路开展示范区创建工作，强化源网荷储各环节间协调互动，充分挖掘系统灵活性调节能力和需求侧资源，各类资源的协调开发和科学配置，提升系统运行效率和电源开发综合效益，形

成不同层级、不同维度线损管理样板，构建多元供能智慧保障体系，为全面提升电网运行效能奠定基础。

3.2.4 实践案例：配电网规划降损

1. 问题描述

浙江某区存在设备高损、设备重过载、线路供电距离偏长以及台区三相不平衡等问题的电网设备共计 36 个，其中涉及中压配电线路 16 条，低压台区 20 个。

结合线损电量分布可视化后形成的分区线损"四色双环"模型图（图 3-1）可以看出，该区 10kV 及以下电压等级元件损耗为 5.06 万 kWh。其中，线路损耗占比为 24.31%；变压器损耗占比为 28.85%，其中铜铁损比为 0.19，铜铁损比相对偏低，其主要原因为镇区以外区域用户分布零散、负荷密度低，导致存在一定规模的轻载配电变压器。除此之外，该区实际线损电量扣减技术线损电量后，仍有 1.11 万 kWh 的线损电量，占实际线损电量的 21.94%，此部分损耗可归为管理线损。管理线损的影响因素很多，如施工工艺、运行环境、负荷平衡度、表计误差、用户违约用电和窃电等。管理降损空间大，且涉及项目投资少，成效显著。因此，在技术降损的同时，应同步开展管理降损。

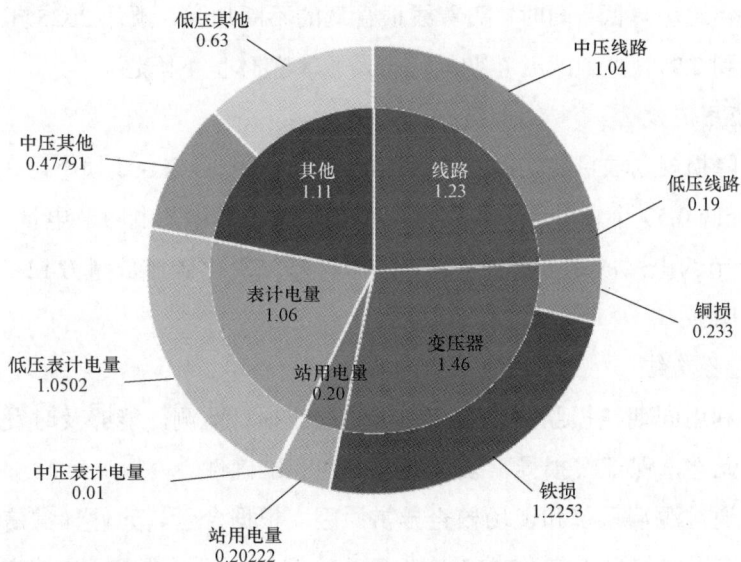

图 3-1 分区分线损电量分解图

2. 提升措施

通过对该区电网降损潜力进行分析，分别从技术降损和管理降损角度进行测算。技术降损潜力方面，针对设备重过载、线路超长、台区三相不平衡以及设备老旧等问题，通过理论线损计算，测算电网年降损潜力最高可达 106.66 万 kWh；管理降损方面，通过对该分区电网"跑、冒、滴、漏"情况进行梳理、开展违规用电以及反窃电的治理、线路变压器和户表关系的梳理、异常关口表计的处理等，预测电网降损潜力可达 20 万 kWh。

综上，依据电网降损潜力分析结果，结合该区电网线损现状，考虑到"十四五"期间片区网架结构、售电结构的变化趋势，以及电网项目实施周期、投资资金等影响因素，对比省内先进典型分区网格线损优化情况，对该区电网"十四五"期间的线损率目标进行了测算，测算结果如表 3-1 所示。

表 3-1 该地区"十四五"期间线损率目标测算情况

年份	2021	2022	2023	2024	2025
线损率（%）	3.2	3.11	3.03	2.96	2.9

"十四五"期间，随着电网改造升级，线路供电半径将逐步缩短，配电网技术线损将逐步降低。同时，随着线损管理的不断加强，预计 2025 年该区线损率将降低到 2.9%。"十四五"期间综合线损率整体呈下降趋势。

3. 应用成效

通过降损规划项目的实施，该区 10kV 及以下电网综合线损率由 3.17%降至 2.64%，降低 0.53 个百分点，电网降损成效明显。其中，电网节电量共计 149.7 万 kWh，节约电网成本 89.82 万元，等效减排二氧化碳排放量 0.12 万 t，经济社会效益明显。

4. 经验总结

（1）利用同期线损监测异常。利用同期线损日监测，能够及时发现线损异常台区、元件，保证线损异常发现的及时性和准确性。

（2）通过源端系统和现场核查异常原因。根据台区、元件异常信息，通过营销业务、用电信息采集、PMS 等业务系统信息，逐一排查用户档案、营配关系、信息采集、设备物理参数等信息，并通过现场比对，确保系统与现场实际一致，提高分析的准确性。

（3）充分利用理论线损进行模拟降损。针对技术高损的台区、元件，通过理论线损计算，查找高损的线段和设备，利用模拟更换元件进行降损方案编制，为后续降损决策提供关键依据。

（4）增加导线截面积是降损的有效途径。在台区负载大致恒定的情况下，导线截面积越大，电阻越小，压降就越小，线路损耗就越小。因此在 10（20）kV 线路和低压台区设计、建造过程中，要按照负荷情况合理选择导线截面积。

3.3　低压网规划降损

浙江公司深入开展台区技术降损专项试点工作，按照既突出省级统筹又体现区域特点、既突出创新示范又注重推广应用的思路，坚持因地制宜、数智赋能、远近结合的原则，推动试点地区规划设计水平、数据监测和精准分析能力、数字化治理能力和管理模式的全面提升。

按照"节约的能源是最清洁的能源"理念，结合区域特点及电网实际情况，在电网规划设计、负荷接入、运行智能监测、数智赋能治理等环节开展低压网降损探索实践。通过加强新建和改造台区规划设计审核，对配电变压器负荷中心偏移、供电距离、曲折系数、末端压降、单相供电线路长度、表后线长度等指标进行校核，重点加强三相负荷平衡全过程管理，打造一批台区经济运行示范样板。

基于线损管理的薄弱环节，从电网线路供电半径、导线截面、负荷分布、三相不平衡度、功率因数等方面明确了低压台区优化典型规范及设计标准。

3.3.1　低压网布局

配电变压器宜根据用电需求及发展趋势，按照"密布点、短半径"和"先布点、后增容"的原则，优化布点设置布点应靠近负荷中心。

低压线路主干线应尽可能从负荷中心穿越，避免迂回、反复曲折等情况；每回支线原则上应向单一方向延伸，末端接入分接箱或依次接入沿途用户，避免支线路径曲折迂回。

低压电网应以中性线电流趋零为目标，从负载侧到电源侧按"计量表箱、分支线、主干线、配电变压器低压出口"逐级开展三相电流平衡计算与调整。相邻的单相用户接户线应三相轮换接入,负荷差异较大时需计算验证,保证三相负荷平衡。低压动力用户应采用三相接入,并加强三相负荷监测与三相平衡管理;照明用户可单相接入,应按照台区三相四级平衡原则,通过三相平衡优化计算明确接入相别。分布式电源、电动汽车充换电设施、电化学储能系统应按照就近消纳、三相平衡原则接入低压电网。

1. 供电半径长度原则

根据技术规范《配电网规划设计技术导则》(Q/GDW 10738—2020)和《配电网技术导则》(Q/GDW 10370—2016)中对 10kV 供电半径要求:A、B 类供电区域<3km,C 类供电区域<5km,D 类供电区域<15km;0.4kV 台区供电半径要求:A 类供电区域<150m,B 类供电区域<250m,C 类供电区域<400m,D 类供电区域<500m。

低压配电网供电距离(即低压母线出线侧到为最远用户供电的主干、支线的末端)与客户用电性质、用电负荷、用电设备的同时率等因素有关。低压线路的供电距离不宜过大,为满足末端电压质量的要求,A 类供电区域供电距离不宜超过 150m,B 类不宜超过 250m,C 类不宜超过 400m,D 类不宜超过 500m。台区边缘的独立用户供电距离不满足上述要求时,应按照压降 4%计算核定。A、B 类供电区域线损率不宜超过 1.5%,C、D 类供电区域线损率不宜超过 2%。不同供电区域低压电网供电距离及线损率要求见表 3-2。

表 3-2　　　　　　不同供电区域低压电网供电距离及线损率要求

供电区域	A	B	C	D
主要分布地区	地市级及以上城区	县级及以上城区	小城镇区域	乡村地区
供电距离(m)	≤150	≤250	≤400	≤500
线损率(%)	≤1.5	≤1.5	≤2	≤2

2. 导线截面原则

10kV 架空线路截面不宜小于 70mm^2;0.4kV 架空线路截面不宜小于 50mm^2。

3. 三相不平衡度原则

根据《电能质量　三相电压允许不平衡度》(GB/T 15543—2008)和《配电

变压器运行规程》（DL/T 1102—2021）的规定，公用配电变压器低压三相负荷不平衡度应不大于 15%，发电机在满负荷时功率因数在 0.85（滞相）～0.97（进相）运行。

4. 功率因数原则

《国家电网公司电力系统电压质量和无功电力管理规定》中对功率因数的要求是：10kV 以上电压等级功率因数达到 0.95 以上，0.4kV 电压等级台区功率因数达到 0.95 以上。

5. 接户线导线截面积选取原则

采用低压铜芯电缆进线时，单相接户电缆导线截面积不宜小于 10mm²；三相小容量接户电缆导线截面积不宜小于 16mm²；三相大容量接户电缆导线截面积宜采用 35mm²；多表位计量箱接户电缆导线截面积不宜小于 50mm²。

采用架空绝缘导线进线时，单相接户线导线截面积宜采用 16mm²；三相小容量接户线导线截面积宜采用 35mm²；三相大容量接户线导线截面积宜采用 70mm²。

6. 分接箱接入原则

壁挂式分接箱应采用三相四线接入，单相出线应不少于 3 路且不多于 6 路。分接箱可用于延伸三相四线分支线。

7. 三相四级平衡

应执行三相四级（计量表箱、支线、主干线和配电变压器低压出口）平衡供电。三相四线延伸至多表位表箱或分支箱，用户应平衡接入。

台区在设计阶段应经三相四级平衡优化计算，使各级中性线电流趋零。

结合台区线路路径、导线型号及长度、用户的负荷电量等参数，经计算得出用户接入相别清单，对比技术经济投资选优确定设计方案。应经计算确定业扩用户接入电网相别。

8. 分相无功补偿

应遵循"统一规划、合理布局、分级补偿、就地平衡"的原则，采用集中补偿与分散补偿相结合，补偿应采用分相方式。配电变压器低压侧无功补偿度通常取 10%～30%。

台区 JP 柜无功补偿功率因数应不低于 0.98。对于居民负荷为主的公变，无功补偿装置容量可按变压器最大负载率为 75%、负荷自然功率因数为 0.85 考虑，补偿到变压器最大负荷时其高压侧功率因数不低于 0.95。

对于小微企业、炒茶、农家乐、小作坊等动力用户负荷占比较高的公变，应根据实际负荷特性确定自然功率因数，并计算补偿容量。在配置无功补偿装置时，应考虑谐波治理措施。当具备条件时，配电变压器无功补偿装置宜具备分相投切功能。

9. 综合能源接入

分布式电源、电动汽车充换电设施、电化学储能系统应三相平衡接入低压电网。

10. 经济运行管理

低压电网以中性线电流趋零为目标，应从负载侧到电源侧按"计量表箱、次干线、主干线、配电变压器低压出口"逐级开展三相电流平衡计算与调整。

11. 智能监测设备的选取

智能监测设备的选择，应遵循设备损耗最小、最适经济，便于拆装的原则。经过现场实际情况和系统数据分析，选取最合适台数加以安装。

3.3.2 实践案例：台区优化

1. 问题描述

浙江某镇台区配电变压器容量为 315kVA，供电半径 193.85m，三相用户用电量占比较大，1～9 月配电变压器负载率区间为 16.91%～28.95%，台区三相不平衡度 39.29%，线损率 6.61%，如表 3-3 所示。

表 3-3　　　　　　　台区 1～9 月配电变压器负载情况

时间	最大有功功率（kW）	负载率（%）	负载情况
1 月	71.60	22.73	正常
2 月	91.19	28.95	正常
3 月	70.97	22.53	正常
4 月	77.30	24.54	正常
5 月	54.59	17.33	轻载

时间	最大有功功率（kW）	负载率（%）	负载情况
6 月	71.47	22.69	正常
7 月	69.49	22.06	正常
8 月	80.83	25.66	正常
9 月	53.27	16.91	轻载

逐项研究台区供电半径、运行水平、功率因数、三相不平衡度、设备装备水平、低压线径、电压质量、负荷性质等影响台区线损的因素，分析台区高损原因。具体运行指标选取典型日 9 月 20 日进行分析，典型日最大负荷 32.72kW，最大负荷发生时间为 9 月 20 日 11:45，A 相电流为 56A、B 相电流为 51A、C 相电流为 34A，典型日台区三相不平衡度 39.29%；典型日台区功率因数为 0.99，如表 3-4 所示。

表 3-4　　　　　　　　　台区高损成因分析表

分析项目	台区情况	高损原因分析
配电变压器型号	S11—M—315/10	节能配电变压器
配电变压器投运时间	1993/6/24	投运 29 年
配电变压器负载率区间	16.91%～28.95%	偶尔轻载
供电半径	193.85	B 类供电区供电半径应<250m
功率因数	0.99	台区功率因数应>0.95
三相负荷不平衡度	39.29%	不平衡度>15%，三相不平衡
低压线型号	VV—4×120 JKLYJ—10/120 VV—4×150	0.4kV 架空线截面积应>120mm^2
低压线路投运时间	1993/6/24	投运 29 年
负荷性质	居民、商业	存在动力用户
表后线	标准接线	表后线应符合规范要求

经分析该台区影响高损的因素有：①设备老旧，配电变压器、低压线路投运将近 30 年；②三相负荷不平衡，典型日台区三相不平衡度达 39.29%；③配电变压器不在负荷中心；④存在动力用户，某袜子加工厂、某汽车修理有限公司。经分析，导致台区高损的主要原因是设备老旧、配电变压器不在负荷中心，

次要原因是配电变压器负载率持续偏低、三相不平衡、动力用户用电量大时压降过大。

2. 提升措施

以台区存在问题为导向，综合考虑台区现状和负荷发展情况，根据低压台区优化典型规范及设计标准，制定台区优化方案。

（1）更换老旧配电变压器。该配电变压器由于运行年限将近30年，运行年限较长，随着设备老化，会使介质损耗和瓷瓶、瓷套泄漏增大。导线接头设备线夹接触电阻增大，导致损耗增加，需及时更换改造配电变压器。更换配电变压器容量宜根据城市用地规划预测该台区供电地块的用电需求。

（2）优化配电变压器位置。通过变压器移位，优化台区供电半径，缩短台区低压线路长度，减小线路电阻，降低线路损耗，实现台区线损优化。结合台区全部用户的用电情况和地理位置，确定台区负荷中心位置，将配电变压器移位至负荷中心，可使台区供电半径达到最小值。

核查该台区各用户用电情况，台区用电基本以居民用电和商业用电为主，季节性较强，排除夏季用电高峰期，故选取9月作为负荷指标时段，以各用户9月售电量作为该用户距离权重进行台区负荷中心测算。

（3）优化三相负荷不平衡。该台区负荷大部分为居民用电和少量商业用电，绝大部分负荷规律性较为一致，即大部分用户的用电高峰低谷时间段基本一致，引起三相不平衡的原因是各相用户的户数和用电负荷大小的不一致。人工调相是解决该类台区三相不平衡问题最适用、最有效也最经济的方案。

三相不平衡调整可以简化为根据台区所有用户的用电量将用户平均分配到三相上，具体做法是：将台区高用电户、一般用电户、低用电户、小企业户、小商户按负荷量均衡分配到三相上，从低压线路小支线到大支线依次调节。从线路末端开始调整，使中性线电流不回流到低压线路。

3. 应用成效

通过配电变压器移位，该台区供电半径从193.85m缩短至130.14m，进行供电半径优化后，低压供电线路主干线长度减小52m，且主干线负载降低，电流减小，假设台区用户保持现有用电水平，将有51%的用电负荷供电线路缩短近70m。经测算，改造后台区线损电量将降低至原损耗的67.36%，每月节约电量约 205.97kWh。

经过用户调相，优化台区三相不平衡度后，假设台区用户保持现有用电水平，该台区三相不平衡度将从 39.29% 降至 6.65%。该台区三相用户用电量占比较大，假设保持现有用电水平不变，完成三相不平衡度调节后线损电量约为之前的 88%，每月可节约电量为 75.72kWh。

综上所述，经过台区线损优化，该台区每月可减少线损电量 281.69kWh，不计入落实其他优化细则带来的降损效果，保持现状用电水平的情况下，台区线损率将从 6.61% 降至 2.83%。

3.4 降损项目管理

现阶段，电网企业降损项目管理较为粗糙，项目实施过程缺乏相应的管控，同时项目降损效益不明显，具体管理现状表现为以下方面：

（1）缺乏系统性、科学性与前瞻性的电网中长期降损规划，对于电网现状与降损远景目标不清晰，规划时降损项目对于具体降损工作缺乏指导意义。

（2）在电网规划、项目改造阶段，未将线损作为一项关键指标纳入项目统筹考虑。在降损项目前期可研阶段，针对项目节能降损经济性、合理性、可行性论证不够充分，导致项目投产后遗症屡屡发生，往往出现供电半径过长、负荷不均衡等问题，增加电网损耗。

（3）在项目设计阶段，未充分考虑电网的实际运行水平，对于网架布局、设备选型、新技术利用等方面缺乏针对性、适应性、精准性和标准化方案，导致电网运行效率不高。

（4）在项目计划阶段，项目节能标签属性不明显，未与其他项目形成差异，不利于后期的跟踪分析与评价。

（5）后期运行阶段，未及时对降损项目运行情况开展分析评价，未将降损项目纳入投资后评估，为后期降损项目规划与管理提供专业指导。

因此，亟须建立适应新型电力系统的降损项目管理新模式，构建全专业协同融合的闭环精益化管理机制，专业协同更加紧密高效，工作界面更加清晰，业务流程衔接更加顺畅，项目储备开展有序充实，项目标准化实施有据可依，项目全过程管控实时预警，项目投资执行偏差及时纠正，实现降损项目管理效率和投资效益双提升，促进降损项目精益化管控水平。以下将从储备管理、计划管理、设计建设、项目后评价四个方面开展介绍。

3.4.1 降损项目全周期管理

3.4.1.1 项目储备管理

1. 制定中（长）期降损规划

推进降损规划与新型电力系统建设深入融合，并纳入整体电网规划，有机支撑规划落地。统筹安排降损远景成效，分解形成省、市、县三级分年度降损计划目标。基于理论线损计算结果，针对区域线损管理差异、配电网损耗占比大、设备负载率不均衡等问题，围绕新型电力系统"高效能"建设要求，采用优化管理模式、提升技术手段等方式，逐步压降配电线路和台区线损率，提升电网经济运行水平。

2. 建立降损项目需求管理

根据电网运行效能评估分析结果，定位出高耗能设备，滚动更新高损设备清单库，针对长期处于高损状态的设备以及严重影响电网经济运行水平的设备，由设备资产运维单位动态提出项目需求，由专业管理部门审定后，纳入降损规划项目需求管理，并结合基层管理人员人工提报等，形成降损项目需求库。电网经济运行平台降损项目需求库界面如图 3-2 所示。

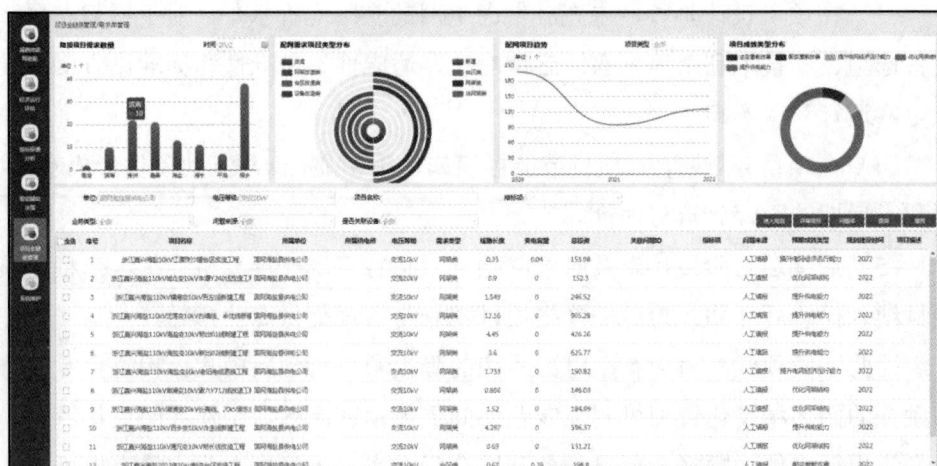

图 3-2 电网经济运行平台降损项目需求库界面

3. 增加降损项目标签设置

结合电源点布局、电网改造需求,在计划上报阶段增加项目节能降损标签属性,标签设置采用分级分类结构,设置电源点布局、提升电网经济运行等一级标签库以及节能设备应用、解决设备重载等二级标签库,精准项目降损类型,有效指导后期同类型高损设备降损工程选择。

4. 建立降损项目储备库

常态化开展降损项目储备管理,储备项目应源于高耗能设备需求,符合降损项目标准,切实有效降低设备或电网损耗。常态化滚动开展降损项目需求库、储备库和计划库梳理,定期将项目需求推送至项目储备库,协助电网规划滚动修编。储备库项目质量和进度应满足专业管理要求,并在全面评估后按照轻重缓急进行分级排序。

5. 规范降损项目可研编制

在项目可研阶段,需对降损项目涉及的设备配置及选型、设施廊道布局、供电方式、负荷特性、负载情况、投资概算、经济效益、社会评效等方面全方位开展节能降损专题论证,形成专题论证结果。

3.4.1.2 降损计划管理

结合降损规划报告中规划期内线损率目标、本年度线损率指标完成情况预测、本年度理论线损计算结果、计划年度负荷及电量预测情况、计划年度购电、用电结构变化情况、计划年度电网建设及改造、降损措施成效预测等编制年度线损率计划建议。

电网公司各级单位应根据上级下达的本年度线损率指标计划,结合所辖单位上年度线损率指标完成情况,上报本年度计划建议,结合相关线损指标影响因素,测算相关部门及所属单位年度线损率计划,形成线损指标计划分解下达建议。

在降损计划确定以后,优先安排降损项目批次与预算金额。在计划下达时,优先安排降损项目实施批次,精益匹配投资规模,并落实资金来源保障。项目资金完成纳入财务预算考核,保障电网节能降损的高效统筹。

3.4.1.3 项目实施建设管理

结合里程碑计划,着手编制符合切身实际情况的可研施工文本。严格把控项目建设过程的质量关。

1. 提升降损项目设计效能

在设计阶段，开展项目经济效益综合评估，优化廊道布局，合理选择导线型号、设备容量、设备能效等级、设备精度等，合理配置无功补偿，优选新技术、高效能设备。结合各地域的不同情况，对症设计，并根据设计规范形成不同电压等级不同类型项目的标准化作业指导书。

2. 规范降损项目建设实施

电网公司各专业部门应督促项目单位加强项目建设工程安全、质量和进度管理，严格控制造价。在项目施工环节，改善施工工艺，调验设备运行状态，完善节能降损措施检验，从源端强化电能损耗控制；在物资采购环节，根据采购及设备要求，结合电能损耗情况，经技术经济比较，同等条件下优先选择低损耗节能产品。项目完工验收阶段，应根据项目标签属性配备相应的验收表。

3.4.1.4 项目后评价管理

1. 组织开展降损项目后评价

建立降损项目竣工投运后定期评价制度，开展年度降损项目跟踪评价，按照单体项目与整体项目投资开展后评价。构建降损项目针对性评价体系与模型，分析总结项目实施过程中管理风险与评价项目经济合理性，提出相应的对策或改进建议，形成降损项目评价报告，推动项目精益化管控。

2. 形成项目评价反馈闭环机制

及时将降损项目评价结果反馈至项目需求部门，针对评价结果反映出的问题与成效，及时形成经验总结，并针对存在的薄弱环节提出调整措施。同时依据评价结果指导下一年度降损规划滚动修编，不断充实规划内容，提升规划指导意义。降损项目管理全流程如图3-3所示。

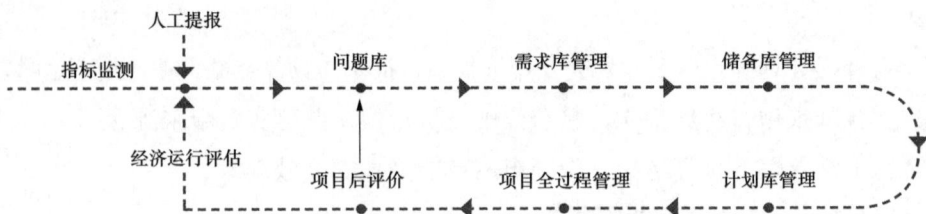

图3-3 降损项目管理全流程示意图

3.4.2 实践案例–降损项目管理

1. 问题描述

浙江某县公司通过经济运行评估，发现变压器铜铁损比率异常（见图 3-4）。通过问题清单，穿透查询该公司配网线路所属的配变。

问题ID	业务类型	指标项	评估范围	范围明细	问题描述	扣分值	评估时间
P2301330483210571000	电网运行	变压器铜铁损比率	主变/配变	问题设备清单	该问题指标结果值4.06%低于标准值0.1，故得0分，原因为该指标的分子项变压器铜损过低，需调整	2.40	2023-02

图 3-4 经济运行评估诊断情况

经查询发现公用配变自 2 月以来输入电量持续增高，每日电量达 4000kWh 以上（见图 3-5），而该配变额定容量仅为 400kVA，平均负载率达 60% 以上，使得铜铁损比率较大，远超变压器经济运行区间，导致变压器运行损耗率偏高。

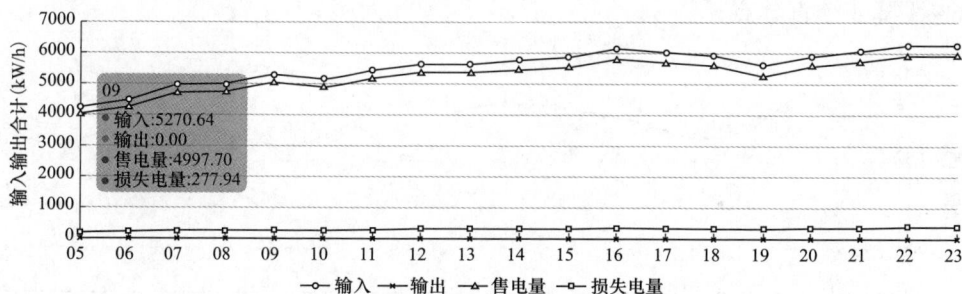

图 3-5 台区改造前电量输入情况

该配变所属台区自输入电量增大以来，原有线径与供电半径已明显不适配，台区线损率也持续增大，最高超过 6%，如图 3-6 所示。

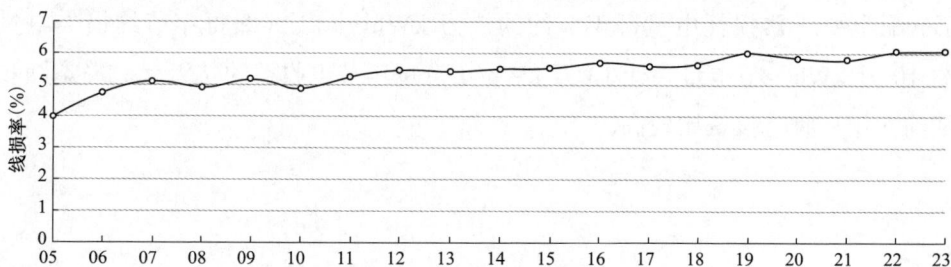

图 3-6 台区改造前线损率情况

2. 提升措施

将此问题关联降损项目，新增台区改造工程项目。该项目通过新增一台 400kVA 配电变压器，进行分流布点，改善配变铜铁损比率过高的问题，使配变负载率回归经济运行区间。同时新建低压线路 0.84km，更换老旧低压线路 0.94km，减小项目台区供电半径，改善台区末端大电量情况，降低台区线损率。客户服务中心对台区下一般工商业工业用户进行用电检查指导，通过增加用户侧无功补偿装置，提高公用配变功率因数，改造后公变功率因数由原先 0.91 提升至 0.98。

3. 应用成效

改造后，该地区公变负荷得以分流，负载率大幅下降。目前，公变日均负载率为 27%，属于变压器经济运行范围区间，铜损/铁损比接近 1:1，变压器损耗率大幅降低。

如图 3-7 所示，台区线损率目前稳定在 2%附近，台区损耗率较改造之前的 6%下降 4 个百分点。

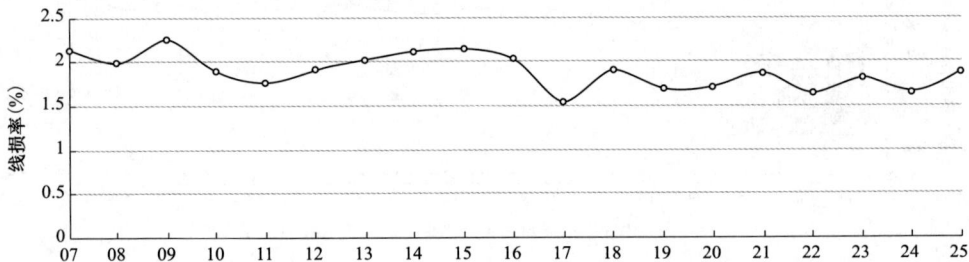

图 3-7　台区改造后线损率情况

该台区改造工程共计投入资金 42 万元，预计项目使用年限为 20 年。改造后，配电变压器损耗电量每年节约约 3 万 kWh，低压线路每年节约损失电量约 10 万 kWh，节电量共计 13 万 kWh/年，每年节电收益约 7 万元，静态回收期约 6 年，收益投资比较高。

4

运 行 降 损

　　运行降损，是指在满足电网安全稳定的前提下，根据电网有功、无功负荷潮流变化及设备的技术状况及时调整网络及设备的运行方式，降低电能损耗，实现电网安全、稳定、经济运行。

　　近年来浙江公司秉持电网全周期经济运行理念，加强电网运行效能指标动态监测，分析主网线路、主网变压器、配电网线路、配电网变压器、低压台区等分元件/分台区的理论计算结果和高损成因，确定电网最优降损措施，开展投资效益测算，并以年节约电量、静态投资、静态投资回报期等展示投资效益结果。根据投资效益结果，再结合线损监测、高损成因分析、最优线损计算、降损措施等过程数据，梳理管理和技术上的问题，开展运行降损全过程管理，抓住降损工作重点，提高节能降损效益，形成最优的降损辅助决策方案。

4.1　有功优化

4.1.1　主网有功优化

4.1.1.1　主网有功优化措施

　　变压器与线路是电网的主要能耗设备，因此电网经济运行的首要环节是变压器与线路经济运行。线路的功率损耗与负荷电流的平方成正比，负荷电流越大，损耗功率越大。同时，线路的功率损耗与等效电阻正相关，负载率越高，线路温度上升，等效电阻增大。变压器的空载损耗恒定，但负载损耗与负荷电流的平方成正比。因此，随着设备负载率上升，线损电量会迅速增加。为确保供电质量和设备安全，合理配置设备、设定参数并优化运行方式，是降低能耗的关键。一般来说，当线路负载率处于 30%～70% 之间，变压器负载率处于 30%～75%之间时，线损率将处于较低区间。

1. 变压器经济运行

变压器是电力网络中的重要元件，一般而言，从发电、供电一直到用电，大致需要经过 3～4 次变压器的变压过程。变压器在传输电功率的过程中，其自身要产生有功功率和无功功率损耗，由于变压器的总台数多、总容量大，所以在发、供、用电过程中变压器总的电能损耗占整个电力系统损耗的 30%～40%。因此，全面推行变压器经济运行是实现电力系统经济运行的重要环节，也是一个重要的节电降损手段。

变压器经济运行是在确保变压器安全运行、满足正常供电需求和标准供电质量的基础上，充分利用现有设备，通过选择变压器的最佳运行方式、负载调整、运行位置最佳组合以及改善变压器的运行条件，最大限度地降低变压器的电能损失和提高其电源侧的功率因数。根据负荷的变化适当调整投入运行的变压器台数，可以减少功率损耗，当负荷小于临界负荷时，减少一台变压器运行较为经济；反之，当负荷大于临界负荷时，并联运行较为经济。一般在变电站内应设计安装两台及以上的变压器，作为改变系统运行方式的技术基础。这样既提高了供电的可靠性，又可以根据负荷合理停用并联运行变压器的台数，降低变压器损耗。

2. 用电负荷合理分配

在现有电网结构和布局下，要把用电负荷组织好，调整得尽量合理，以保证线路及设备在运行时间内所输送的负荷也尽量合理。

当配电网线路负载率超过 70%时，需转移负荷。线路负荷的转移通过与其相连的所有变压器完成，即

$$p_{zz} = p_{sd}(\beta - 0.7) \tag{4-1}$$

则每台变压器应转移的负荷为：

$$Ap_i' = Ap_i - p = Ap_i - 1.1 \times p_{sd}(\beta - 0.7) / n \tag{4-2}$$

式中　p_{zz}——线路转移的负荷；

　　p——每台变压器优化后的功率；

　　p_{sd}——线路首端推算出的现有理论有功功率，kW；

　　1.1——裕度系数；

　　β——线路负荷率，%；

Ap_i——每一台变压器的有功功率,一共 n 台,kW。

浙江公司实时分析电网潮流变化,挖掘电量、线损数据间的联系,识别电网运行薄弱点和设备高损因素,建立安全约束下的经济运行模型,动态调整电网运行方式,实现安全与效率双提升。在输电网侧,公司合理选择并列解列点,关注断面满载和供电能力问题,通过无功优化降低网损,并提出最优资源配置方案。在高压配电网侧,公司优化负荷割接/转移配置,使设备负载率接近经济运行区间。

4.1.1.2 实践案例:优化主变经济运行方式

1. 调整前情况

浙江某市电网负荷受季节性影响较大,夏季制冷高峰,用电负荷急剧增加,部分主变呈重载运行状态;春节长假期间,工业负荷降低,部分主变呈轻载运行状态。该区域当前存在重载和轻载的不经济运行状态,主网损耗较高。

2. 调整措施

依据运行变压器损耗构成,提出两条降损措施:一是减小铁损,即当主变轻载时可考虑停运该台主变,减少系统铁损;二是减小铜损,即主变重载时,可考虑通过转移负荷减轻主变负载率,减少系统铜损。基于以上降损措施,该市电网公司在负荷高峰、低谷阶段制定了以下主变经济运行策略:

(1)迎峰度夏高负荷阶段,主变负载率高于70%时,将该主变下带负荷转移至负载率较低变电站。

(2)春节长假低负荷阶段,主变负载率低于20%时,将该主变下带负荷转移至周围其他变电站后,拉停该台主变。

(3)负荷转移、停役轻载主变等电网运行方式的改变,应统筹编制特殊运行方式下变电站全停预案,并做好单线、单主变运行变电站的特巡和保供电工作。

2021 年,该地区根据负荷预测结果指导春节低负荷时段以及迎峰度夏高负荷时段主变经济运行方式的调整:春节假期期间,完成某变电站 2 号轻载主变的停役工作;迎峰度夏期间,完成 10 座变电站共计 23 台重载主变的负荷转供工作。

3. 经济效益分析

2021 年春节期间,在满足电网供电可靠性的前提下,将负载率低于 20%的某变电站 2 号主变拉停,在春节低负荷时段保证了系统电压水平,同时也降低了轻载主变的损耗。该主变春节期间累计停运 12 天，节省电量 0.68 万 kWh（空载损耗功率为 23.6kW，累计停运时间 12 天）。

迎峰度夏期间，通过改变电网运行方式，转移负荷的措施，主变重载问题得到明显改善，未出现负载率超 80% 及以上的主变，提高电网可靠性的同时降低了主变损耗，迎峰度夏期间累计节省电量 705.17 万 kWh。截至 2021 年 10 月 30 日，通过负荷特殊时段主变经济方式的调整，累计实现节电量 705.85 万 kWh。

4．实用性及可推广性

为保障负荷高峰、低谷阶段主变经济运行方式下电网设备可靠运行，该地区针对特殊运行方式下的设备制定了保电策略：

（1）重载主变负荷转移前或轻载主变拉停前，调度部门编制电网运行方式调整联系单，设备运维部门针对联系单内需转移负荷的变电站内设备开展一次设备、二次保护及测控装置缺陷梳理，核对无影响设备重负荷运行的缺陷。

（2）重载主变负荷转移或轻载主变拉停期间，设备运维部门每日对负荷转移设备开展一次巡视、测温，结合巡视工作对相关设备存在的缺陷进行跟踪，重点关注设备发热、漏油、漏气缺陷，一旦发现设备发热或存在严重漏油漏气缺陷，则恢复正常运行方式。

在满足安全性前提下，优化主变经济运行方式的实用性和推广性较高，可达到降低主变损耗、提高经济效益的目的。

4.1.2 配电网有功优化

4.1.2.1 配电网有功优化措施

配电网运行控制原则是通过调度与控制确保配电网安全稳定运行，满足客户的用电需求，提高供电质量和经济运行水平。浙江电网负荷峰谷差率较大，各地市仍存在一定数量的轻重载设备，可通过运行方式优化、需求侧响应等方法优化有功功率，实现配电网经济运行。

利用理论线损计算分析手段，定位配电网正常运行方式下的最佳分段点，合理安排负荷分配。针对部分地区电力系统配电网线路管理较为粗放等问题，建立基于配电网重构理论的线路运行经济性分析实用化模型，评估配电网线路线损现状，提供优化调整建议，预估调整后节约线损量，制定配电网重构降损优化流程，指导线路联络常开点设置、供电网格线路负荷割接等工作。针对小区配电变压器负载率长期稳定在低水平状态，配电变压器损耗相对较大、运行效能较低等问题，可采用轻载配电变压器停运、调整低压开关位置等方式，实现台区用户"二合一"供电。针对峰谷负荷落差这一问题，细化落实需求侧管理，完善有序用电、需求侧响应等应急响应方案，以应对电网短期供需变化。

4.1.2.2 实践案例1：轻载配电变压器优化运行管理

1. 概况描述

浙江某地城市化水平较高，近年来房地产开发火热，新投变压器中，新建住宅小区公用变压器占比超50%。住宅小区配电变压器容量往往一步到位，但负荷增长受入住率限制，住宅小区配电变压器负载率长时间保持较低水平，变压器损耗相对偏大，运行效能偏低。

2. 问题剖析

近期投运或入住率不高的住宅小区，公用变压器负荷较轻，单台公用变压器日电量不高，线损电量不足10kWh（主要为配电变压器自身损耗），属典型轻载台区，从而引起线损率指标异常波动。

以某住宅小区2号公用变压器为例，其某一段时间日线损波动如图4-1所示。

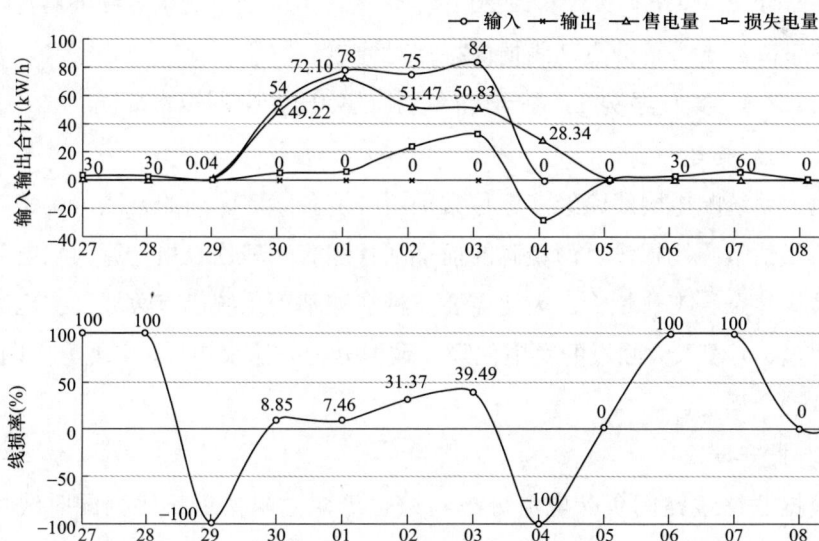

图4-1 某小区2号公用变压器日线损波动

3. 提升措施

针对新投不久或长期入住率低的住宅小区，公用变压器负载率不到 10% 的公用变压器，通过调整低压开关位置，实现台区用户"二合一"供电，提升变压器运行效率。

（1）全量分析新投运或入住率低和季节性轻载小区配电变压器，落实轻载公用变压器治理方案。

（2）建立小区轻载公用变压器停运管理机制，密切监测用电负荷变化情况，根据负荷变动及时切换公用变压器运行方式，确保配电变压器经济稳定运行。

（3）明确小区配电变压器双电源负荷分布，对不符合接线要求的小区变压器进行改造调整，保障消防、电梯等重要电力负荷双电源的实际用电需求。

4. 应用成效

以某小区为代表，该小区共 10 个台区，单台公用变压器负荷较低，结合现场实际，通过调整低压开关位置，实现台区用户"二合一"供电，供电台区减少至 5 个，经整治后线损率全部保持在 7% 以内。

对小区公用变压器负载率偏低的台区，根据现场实际情况，合理采用台区用户"二合一"供电，累计整改 20 余个台区，实现公用变压器经济运行，台区线损率下降约 1 个百分点，线损保持相对稳定。

4.1.2.3　实践案例 2：基于电网重构的中压配电网技术降损

1. 问题描述

电力系统配电网线路经济运行常采用经济负载率区间的方法，调整较粗略且无法预估节约线损量，而精确的前推回代潮流法理论线损计算因配电网线路拓扑结构复杂、工作量大。因此需要一种能够基于系统已有数据，实施简便、效果明显、小投入大回报的实用化降损数据分析方法来指导，实现配电网高效、低碳、安全运行。

2. 提升措施

根据联络线路间负荷电流分配与综合等效电阻接近反比分配时线损较优的原理，提出以下典型做法，并选取表 4-1 中数据作为模型数据源。

表 4-1 模 型 数 据 源

序号	数据来源	数据描述
1	供服系统	线路联络关系（人工核对）
2		变电站、供电所
3		线路所属网格
4		线路总长度
5		架空长度
6		电缆长度
7		配线线损分析
8	电网限额输送表	限额电流
9	E3100 调度系统	最大电流、平均电流
10	同期线损管理系统	月线损
11		售电量
12		输入电量
13		输出电量
14		损失电量
15		售电量
16		配电变压器容量

（1）对所有公用线路分析售电量（输入、输出电量）与所属供电网格、联络线路电量平均值的比例关系，结合最大负荷电流与限额电流的比例确定线路是高负载还是轻载，根据线路架空线和电缆长度评估线路等效电阻，搭建模型拟合估算每条线路的理论线损（横向比较评价值）。

（2）构建配电网线路现状经济性评估指标模型。通过对经济运行、线路 $N-1$ 要求、线路电压合格三大条件进行全面分析，致力于实现负荷分配接近理论最优值，线路间负荷相对均衡且与各线路综合等效电阻成反比，采用售电量过滤轻载网格、联络线路组后，根据这一模型评估现状联络线路组或供电网格内线路负荷分配经济性指标。

（3）优化调整建议模型。通过设定联络线路、供电网格内线路平均负荷电流（即电量），综合等效电阻（线路长度）分配目标：①电量、电阻完全按照平均分配；②结合架空、电缆属性做负荷相对平均，并与综合等效电阻成反比分配。通过该模型在电源规划、网架规划、改造工程、负荷接入、运维工作中引导线路负荷分配向最优值靠拢，提高线路运行经济效率。

3. 应用成效

（1）案例概况。2021年3月15日上午6时，a、b线调整联络常开点，由103号杆a线开关调整至b线开关。分析输入数据见表4-2，调整情况总览见表4-3。

表4-2 　　　　　　　　　　a、b线分析输入数据

线路名称	总长度（km）	架空长度（km）	电缆长度（km）	变压器总容量（kVA）	专用变压器总容量（kVA）	公用变压器总容量（kVA）	月售电量（万kWh）	一体化统计月线损（万kWh）
a线	14.65	12.27	2.38	19895	7835	12060	215.93	3.53
b线	11.36	9.93	1.43	24250	13620	10630	124.04	3.05

表4-3 　　　　　　　　　　调 整 情 况 总 览

线路名称	调整容量建议值（万kVA）	保守评估月节约线损（万kWh）	实际调整容量（万kVA）	调整后实际节约线损（万kWh）
a线	−0.30	0.756	−0.403	2
b线	0.64	0.756	0.403	2

调整后，4月中旬之后两条线路总的日供电量与1月底接近，总的日线损电量由约3200kWh下降到约1800kWh，平均每月线损电量下降约4万kWh。为能快速跟踪观察线损变化，在复核调整后降损成效时，采用供电服务系统日线损数据，对比两条线路合计的日总输入电量、日总线损变化情况，如图4-2所示。

（2）主要成效。开展试点应用，根据模型预估联络线路负载率分配整体优化，测算其10kV电压层线损具有压降5%的空间，预计优化调整将实现降损100万kWh，而成本仅为分析的成本和联络常开点调整的人工成本，以及个别线路联络开关间负荷较大的需新增联络开关的成本。

此做法有助于建设配电网经济运行数据业务化应用场景，对实现新型电力

系统建设目标，解决低碳清洁、安全可靠、经济高效的"三角悖论"具有非常高的实用价值。同时，通过多项模型建立，后续可进行数据分析量化，以点带面打造具有可操作性、适应性、拓展性的中压降线损示范样板。

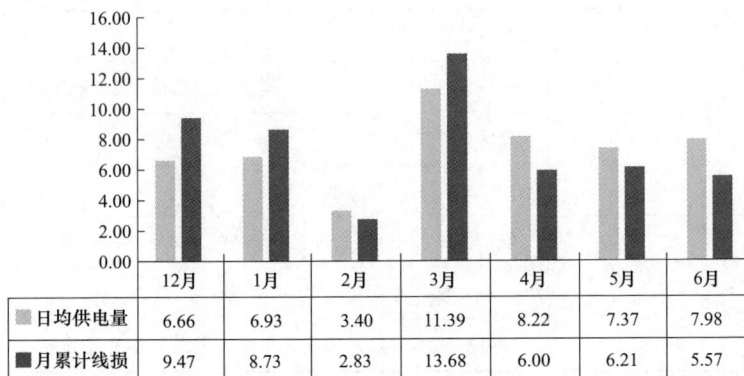

	12月	1月	2月	3月	4月	5月	6月
日均供电量	6.66	6.93	3.40	11.39	8.22	7.37	7.98
月累计线损	9.47	8.73	2.83	13.68	6.00	6.21	5.57

图 4-2　a、b 线月线损跟踪

4.2　无功优化

4.2.1　主网无功优化

无功补偿配置应按照分层分区平衡、电网补偿与用户补偿相结合、分散就地补偿与变电站（开关站）集中补偿相结合的原则，进行大、小运行方式下无功平衡计算，同时结合供电区域所带负荷性质，确定无功补偿装置的型式、容量及安装地点。

4.2.1.1　主网无功优化措施

功率因数能影响电能在电网传输中的有功无功分布，从而改变传输电流，进而对损耗产生影响，是影响电网损耗的重要因素。在电网运行中，当传输有功功率一定时，变压器或配电线路的功率因数越高，电网所产生的电能损耗越小。根据线路损耗公式 $\Delta P = 3Is^2R = 3(Iq^2 + Ip^2)R$ 可知，当无功电流增加，产生的损耗会成倍上升。330～750kV 变电站容性无功补偿装置宜按照主变压器容量的 10%～20%配置，220kV 变电站容性无功补偿装置配置宜按照表 4-4 选取，35～110kV 变电站容性无功补偿装置配置宜按表 4-5 选取，或参照《电力系统无功补偿配置技术导则》（Q/GDW 1212—2015）经计算后确定。

表 4-4　　　　　　　　220kV 变电站容性无功补偿装置容量配置

容性无功补偿度（%）	适用条件
10～25	220kV 枢纽站
	中压侧或低压侧出线带有电力用户负荷的 220kV 变电站
	变比为 220kV/66（35）kV 的双绕组变压器
	220kV 高阻抗变压器
10～15	低压侧出线不带电力用户负荷的 220kV 终端站
	统调发电厂并网点的 220kV 变电站
	220kV 电压等级进出线以电缆为主的 220kV 变电站

注　两种情况均满足条件下，取大者。

表 4-5　　　　　　　35～110kV 变电站容性无功补偿装置容量配置

容性无功补偿度（%）	适用条件
20～30	变电站内配置了滤波电容器时
15～20	变电站为电源接入点时
15～30	其他情况下

对于进、出线以电缆为主，容性充电功率较大的 110～220kV 变电站，宜根据电缆长度配置适当容量感性无功补偿装置，补偿容量应经过分析计算后确定。220～750kV 变电站安装两台及以上主变压器时，每台主变压器配置的容性无功补偿度宜基本一致。35～110kV 变电站主变压器的同一电压等级侧配置两组容性无功补偿装置时，每组容量宜相等，不等量分组方式应经过分析计算后确定；当主变压器中、低压侧均配有容性无功补偿装置时，各侧每组容量宜分别相等。

35～750kV 及变电站无功补偿装置单组容量可参照《电力系统无功补偿配置技术导则》（Q/GDW 1212—2015）提供的经验值确定，或根据补偿点短路容量，经过计算后确定。投切一组补偿装置引起所在母线的电压变动值不应超过其额定电压的 2.5%。各级输配电线路应避免远距离输送无功。其中，

330～750kV 短线路所产生的充电功率较大时，根据无功就地平衡原则和电网结构特点，经计算分析，可在适当地点装设母线高压并联电抗器进行无功补偿。

浙江电网 35kV 及以上变电站均配置了无功补偿设备，但部分区域也存在高压电网功率因数相对偏低。对此，浙江公司加强无功装置管控，分批分类对功率因数偏低的变压器、线路进行精准无功补偿，提高功率因数：①加强功率因数监测，针对性开展就地补偿，实现无功"分层分区，就地平衡"；②加强变电站无功补偿装置运行监测，在役装置应严格按照运行规程定期进行巡视、维护、检修；③将与无功补偿设备相关的缺陷列为优先处理缺陷，提高消缺效率；④做好有载调压开关的运行管理工作，操作达到规定次数的要进行检修维护；⑤完善并推广 SVG、AVC 等技术应用，强化无功综合协调控制能力。

4.2.1.2 实践案例：分布式电源无功综合协调控制

1. 概况描述

截至 2020 年底，浙江某市分布式光伏装机已超 160 万 kW，占全网最大负荷近 10%，已逐步成为影响电网运行的重要因素。大量的光伏装机也带来了可观的无功调节能力，按照光伏功率因数 0.95 可调能力计算，在晴朗天气下分布式光伏可提供无功调节能力超 50 万 kvar，可有效提升电网区域无功平衡能力，潜力极大。

2. 问题剖析

因分布式光伏点多面广，个体规模较小等原因，一般以就地无功平衡为策略进行就地控制，缺乏区域协调能力，对电网的无功响应和支撑能力较弱，因此巨大的分布式光伏无功调节潜能未被充分利用。

3. 提升措施

充分挖掘源侧无功资源，该地区自 2019 年开展分布式光伏群控群调研究，探索形成基于"安全接入区"+"公网 VPN"的主厂站通信方式，并于 2020 年在全市 18 座分布式电站试点应用。分布式光伏在 2020 年 10 月顺利完成主厂站联调并接入地调 AVC，参与全网无功调节，支撑电网区域无功平衡，控制装置如图 4-3 所示。在主站集中控制下，可大幅提升光伏电站侧无功电压水平，并可实现分布式光伏集群控制，将点多面广、出力随机的"不可用无功源"转变为可观可测可调可控的"可用无功源"，有效减少无功电压区域传输，降低全网线损。

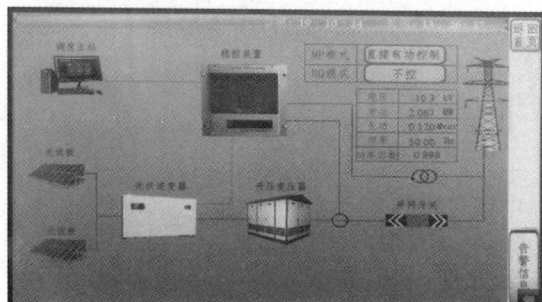

图 4-3　分布式光伏控制装置

4. 应用成效

（1）有效支撑各区域电力平衡，供电能力得到有力保障，利用分布式电源广域协调控制系统可有效发挥不同区域出力互补优势，充分挖掘电网源端发电潜力，有力支撑各区域电网电力平衡。

（2）在分布式电源协调控制系统的控制下，配电网馈线电压偏高问题得到明显改善，无功电压指标合格率从 93% 提升至 95.4%。

4.2.2　配电网无功优化

4.2.2.1　配电网无功优化措施

配电网电压无功调节一般采用如下手段：①可自动或手动调节变电站无功

补偿装置和主变压器有载调压装置，优化变电站母线电压和无功分布；②合理配置配电变压器分接头，投切低压无功补偿装置，保障用户电压质量；③通过运行方式优化供电半径或调节线路有载调压器，保证线路电压合格。

10（20）kV 配电变压器（含配电室、箱式变压器、柱上变压器）及 35/0.4kV 配电室的无功补偿以低压侧集中补偿为主，补偿容量可按配电变压器容量的 10%～30%考虑；无功补偿装置应以电压为约束条件，根据无功需量进行分组自动投切，单组容量可参照《电力系统无功补偿配置技术导则》计算确定。对居民单相负荷为主的供电区域，宜采取三相共补与分相补偿相结合的方式。合理选择变压器档位，避免因电压过高造成电容器无法投入运行。

当前中低压公用配电变压器无功补偿一般采用共补+分补模式，同时在用户侧开展中低压三相用户无功监测。

（1）加强大用户功率因数考核。用户应在提高用电自然功率因数的基础上，按有关标准设计和安装无功补偿设备，并做到随其负荷和电压变动及时投入或切除，防止无功电力倒送。

（2）积极引导和鼓励小型加工或高耗能等较大负荷用户错峰用电。

（3）加强对大用户的功率因数监测，凡功率因数不能达到上述规定的新用户，供电企业可提出整改要求。对已送电的用户，供电企业应督促和帮助用户采取措施，提高功率因数。

（4）加强台区无功管理。出台低压台区功率因数考核规范，确保台区和低压动力用户功率因数大于 0.95。

4.2.2.2　实践案例：优化无功补偿配置降低台区线损

1. 问题描述

近年来，浙江某供电所辖区内高损台区明显增加，经初步分析，新增高损台区主要是台区下存在新增家庭式花边加工用户，全部是小电机生产用电，厂内小功率电机数量较多。台区功率因数偏低，无功损耗较大，导致线损电量增加，进而直接影响台区线损率。

2. 提升措施

该公变一直以来线损保持在 4%左右，自从花边加工用户陆续搬迁进入该台区，线损率日渐上升；特别是异常用户报装用电后，线损率最高达到 13%。

针对该异常用户进行负荷数据与电量数据的分析核查，该户有二十几台小功率电机，一用电便出现电压及功率因数骤降情况，用电时测得用户端线电压为317V，相电压172V，功率因数0.69。经过沟通，用户安装了自动投切无功补偿装置，提高了功率因数，从而增加电机出力、降低损耗、提高设备安全。新增无功补偿装置如图4-4所示。

图4-4　现场新增无功补偿装置

3. 应用成效

该用户无功补偿装置投入运行后，测得线电压376V，相电压202V，功率因数提升至0.85，台区线损率由10.6%下降至5.4%。所辖供电所按此方法对相关12台公变下低压用户加装无功补偿装置，减少了用户侧无功损耗，提高了台区功率因数，降低了线损率。同时对后期报装的低压用户用电设备进行严格审核，对功率因数未能满足要求的用户明确要求加装无功补偿装置。通过上述举措，该供电所0.4kV分压线损率下降0.2个百分点，降损成效明显。

4.3　三相不平衡优化

4.3.1　三相不平衡抑制措施

低压配电网是三相及单相混合供电的网络，并且在大多低压配电网中单相负荷比例较高，导致三相负载不平衡。在实际运行中，常常因为三相台区负载的不均衡分布、新装单相台区用户的不合理入网、单相负荷用电习惯的差异性等因素，造成台区三相不平衡问题。随着分布式电源和电动汽车不断大规模接入，电网的三相不平衡日趋严重。线损增比分别与负序电流和零序电流不平衡度的平方成正比，且零序电流不平衡度对线损的影响大于负序电流的影响。

在低压配电网中，使用电流序分量法进行研究分析，选择一条低压线路，假设相线与中性线电阻均为 R，当处于三相电流平衡状态时，线路电流为 I，则相应的平衡状态下的线损 ΔP 为

$$\Delta P = 3I^2R \tag{4-3}$$

当线路处于三相电流不平衡状态时，三相电压、电流相量不对称。根据对称分量法，任意一组不对称的三相电流相量 I_A、I_B、I_C 可以分解为三组三相对称的电流相量：正序、负序和零序 $\dot{I}_+$、$\dot{I}_-$、$\dot{I}_0$。

假设正序、负序、零序电流 $\dot{I}_+$、$\dot{I}_-$、$\dot{I}_0$ 为

$$\begin{cases} \dot{I}_+ = I_+ \angle \alpha_+ \\ \dot{I}_- = I_- \angle \alpha_- \\ \dot{I}_0 = I_0 \angle \alpha_0 \end{cases} \tag{4-4}$$

式中：I_+、I_-、I_0 分别为正序、负序和零序电流的有效值；α_+、α_-、α_0 为正序、负序和零序电流的相位角。则对其进行变换后可得

$$I_A^2 + I_B^2 + I_C^2 = 3(I_+^2 + I_-^2 + I_0^2) \tag{4-5}$$

式中：I_A、I_B、I_C 分别为 A 相、B 相、C 相电流相量的有效值。

当线路处于三相电流不平衡状态时，中性线将有零序电流流过，此时三相四线制的有功线损 ΔP 为

$$\begin{aligned} \Delta P &= 3(I_A^2 + I_B^2 + I_C^2)R + I_N^2 R \\ &= 3(I_+^2 + I_-^2 + I_0^2)R + (3I_0)^2 R \end{aligned} \tag{4-6}$$

式中：I_N 表示中性线电流的有效值，$I_N = 3I_0$。

在计算三相四线制线路的功率时，首先计算出等效电流 I_e。

$$I_{\mathrm{e}} = \sqrt{\frac{1}{3}(I_{\mathrm{A}}^2 + I_{\mathrm{B}}^2 + I_{\mathrm{C}}^2 + I_{\mathrm{N}}^2)} = \sqrt{I_+^2 + I_-^2 + 4I_0^2} \tag{4-7}$$

则其相应的线路损耗ΔP为

$$\Delta P = 3I_{\mathrm{e}}^2 R = 3(I_+^2 + I_-^2 + 4I_0^2)R \tag{4-8}$$

其计算结果与式（4-3）一致，证明推导正确。

然后分别定义负序电流不平衡度与零序电流不平衡度。负序电流不平衡度β_-即是负序分量有效值与正序分量有效值之比，同理，零序电流不平衡度β_0为零序分量与正序分量有效值之比，其表达式为

$$\begin{cases} \beta_- = \dfrac{I_-}{I_+} \\[2mm] \beta_0 = \dfrac{I_0}{I_+} \end{cases} \tag{4-9}$$

将式（4-9）代入式（4-8），则线损ΔP为

$$\Delta P = 3I_+^2(1 + \beta_-^2 + 4\beta_0^2)R \tag{4-10}$$

为了量化三相电流不平衡与线损的关系，采用线损增比σ来表示，其定义为

$$\sigma = \frac{\Delta P - P}{P} \times 100\% \tag{4-11}$$

式中：ΔP表示三相电流不平衡单独作用时的线损；P表示无三相电流不平衡作用时的线损。线损增比与各序电流不平衡度关系如图4-5所示。

由图4-5可得，线损增比分别与负序电流和零序电流不平衡度的平方成正比，且零序电流不平衡度对线损的影响大于负序电流的影响。

同样，三相负荷不平衡也可造成变压器损耗增加。可见，三相不平衡负荷越大，损耗增加越大。低压用户大部分采用单相接入，因负荷分布不均，三相负荷不平衡必然存在，三相不平衡最高可能增加台区损耗6～9倍。

根据三相电流不平衡度，列举四种三相负荷不平衡情况：情况1表示现状实际情况；情况2表示三相电流不平衡度控制在30%以内的情况；情况3表示三相电流不平衡度控制在10%以内的情况；情况4表示三相负荷平均供电情况。假设三相首端电压按照理想情况设置，即每相电压有效值220V、相位相差120°

时，对线损影响进行分析，具体数据如表 4-6 所示。

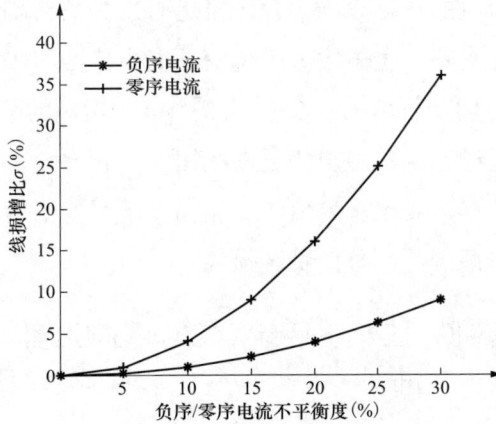

图 4-5　负序、零序电流不平衡度与损耗的关系折线图

表 4-6　　　　　　　　　　　四种不同的三相不平衡度情况

不平衡情况	A 相电流（A）	B 相电流（A）	C 相电流（A）	N 相电流（A）	总损耗（kW）
情况 1	23.78	70.48	32.73	42.93	8.45R
情况 2	29.66	55	42.33	21.94	6.18R
情况 3	38.06	46.6	42.33	7.4	5.47R
情况 4	42.33	42.33	42.33	0	5.38R

　　以浙江某台区为例，该台区由 3 回主线分别向三个方向供电，为了简化测算，假设该台区只有 1 回主线供电，该线路内阻为 R。通过"电力用户用电信息采集系统"查询可得，某天该台区 A 相平均电流为 23.78A、B 相平均电流为 70.48A、C 相平均电流为 32.75A，线路三相电流不平衡度达 66.51%，且大部分时间因 B 相电流偏高所造成，非受用户用电波动所造成。从表 4-6 数据分析可得，当三相电流不平衡度控制在 30%以内时，将节省 26.86%；当三相电流不平衡度控制在 10%以内时，将节省 35.27%。结果表明，当线路中存在三相不平衡时，线损增比分别与负序电流和零序电流不平衡度的平方成正比，且零序电流不平衡度对线损的影响愈加显著。

浙江试点开展台区全周期管理，从源头消除三相不平衡情况，将三相平衡、线损率作为台区验收的依据，确保台区投运时三相负荷均衡。针对当前存量台区，按照计量点、支路、主干线、配电变压器出口四级平衡的原则，筛选不平衡度大于25%、平均负载率大于25%这2个核心指标的配电变压器优先治理，调取三相电流，通过台区、用户电量曲线比对，靶向定位关键用户，以三相不平衡度中间值为依据，高于平均值的一相向低于平均值的一相进行负荷切割，稳步实施三相不平衡调整，降低台区损耗。

4.3.2 实践案例：三相不平衡"423"靶向治理

1. 问题描述

用户接入时未考虑三相负荷不平衡引起的损耗。某市单月累计超过5个越限日的三相严重不平衡台区有277台，三相负荷不平衡度超过25%的高损台区有123个，主要原因是用户接入时未考虑三相负荷平衡，随意接入某相，用户扎堆在一相或者两相，严重的台区甚至增加损耗高达6倍。同时全市60%的低压用户采用单相接入，导致调相困难。对每个台区进行拓扑分析，调整到三相平衡度计算，此类台区因三相不平衡增加损耗约17%~22%，增加损耗约7.3万kWh，拉高分压线损率约0.03个百分点。

2. 提升措施

创新"423"靶向治理法，绘制台区三相不平衡一张图。选取台区4个月、每个月1天运行数据进行分析，再筛选不平衡度大于25%、平均负载率大于25% 2个核心指标的配电变压器优先治理，最后调取三相电流，通过台区、用户电量曲线比对，靶向定位关键用户，以三相不平衡度中间值为依据，高于平均值的一相向低于平均值的一相进行负荷切割，真正实现计量点、各支路、主干线、变压器低压出口侧"四平衡"。增量用户实行先计算后施工，从"源头"实现平衡。

第一步：三相不平衡度、负载率提取

以台区公变为例，连续选取2020年5~8月每月15号数据（共4天），利用用电信息采集系统开展台区负荷数据查询，查询结果如表4-7所示。

表 4-7 某台区公变运行参数

A 相电流（A）	B 相电流（A）	C 相电流（A）	日最大负荷（kW）	负载率（%）	平均电流（A）	三相最大电流（A）	三相不平衡度（%）	结论
14.81	6.59	10.34	18.21	36.42	10.58	14.81	39.93	不平衡度、负载率均大于25%
19.01	6.29	9.73	17.75	35.50	11.68	19.01	62.77	
19.78	9.19	12.31	16.81	33.62	13.76	19.78	43.75	
20.02	6.45	13.62	17.02	34.04	13.36	20.02	49.81	

表 4-7 中，A、B、C 三相电流（A）：为 1 天中的一次侧负荷数据，96 个点负荷合计后取平均值；负载率=日最大负荷/公变容量×100；平均电流=三相电流均值；三相最大电流=ABC 中最大相电流值；三相不平衡度=（最大电流−平均电流）/平均电流。

第二步：分相电量计算

以台区公变为例，选取台区 4 个月售电量，按月计算日均售电量，取第一步的 ABC 三相电流值，计算出不平衡电流、电量，得出分相电量。随后，利用用电信息采集系统开展台区线损监测，查询界面如图 4-6 所示，具体参数如表 4-8 所示。

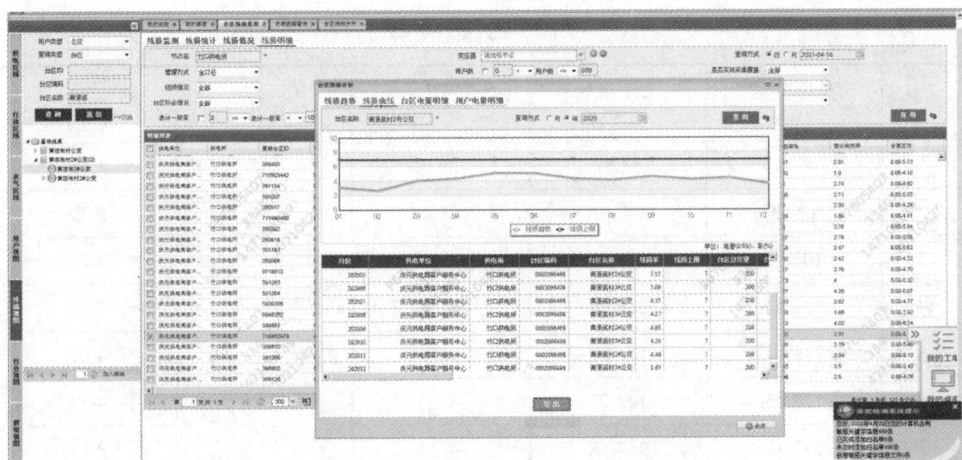

图 4-6 某台区公变月度线损查询界面

表 4-8   分 相 电 量

日期	台区月用电量（kWh）	A 相电流（A）	B 相电流（A）	C 相电流（A）	不平衡电流	台区日均用电量（kWh）	不平衡电量（kWh）	分相电量（kWh）
202005	4963.87	14.81	6.59	10.34	4.11	160.12	21.68	
202006	5038.07	19.01	6.29	9.73	6.36	167.94	33.56	29.75
202007	6232.12	19.78	9.19	12.31	5.29	201.04	27.95	
202008	6691.07	20.02	6.45	13.62	6.78	215.84	35.82	

由表 4-8 可以得出结论：需求 A 相调 B 相日均电量 29.75kWh。

不平衡电流=（最大相电流–最小相电流）/2

不平衡电量=不平衡电流×电压×24h

分相电量=不平衡电量/4（求 4 天的平均值）

第三步：根据分相电量计算结果，确定调相用户清单列表

以台区公变为例，根据以上分相电量计算结果，完成台区下用户核查，确定满足可调相的用户清单列表。随后，利用用电信息采集系统获取用户电量明细（按月），具体明细如表 4-9 所示。可见，本期电量与上期电量，环比在–20%～20%之间的相对稳定用户，可视作满足调相要求。台区下用户数较多，小电量、0 电量、月用电量环比率大于±20%，可视作不满足调相要求。

表 4-9   用 户 电 量 明 细

户号	本期电量（kWh）	上期电量（kWh）	环比（%）	结论	日均用电量（kWh）
1	8.06	80.51	–89.99	不稳定	1.45
2	22.13	147.88	–85.04		2.79
3	108.19	118.65	–8.82		3.72
4	220.47	238.94	–7.73		7.53
5	118.14	126.89	–6.9		4.02
6	133.86	142.73	–6.21	相对稳定	4.53
7	243.32	254.88	–4.54		8.17
8	170.3	178.29	–4.48		5.71
9	163.1	170.06	–4.09		5.46

户号	本期电量 （kWh）	上期电量 （kWh）	环比 （%）	结论	日均用电量 （kWh）
10	100	103.75	−3.61		3.34
11	172.08	177.89	−3.27		5.74
12	206.37	209.85	−1.66		6.82
13	127.52	127.94	−0.33		4.19
14	245.02	243.56	0.6		8.01
15	129.92	127.22	2.12		4.22
16	147.21	144.13	2.14		4.78
17	214.69	209.64	2.41	相对稳定	6.96
18	163.11	158.56	2.87		5.27
19	163.11	158.56	2.87		5.27
20	182.44	175.81	3.77		5.87
21	112.06	107.48	4.26		3.60
22	143.41	136.95	4.72		4.60
23	178.52	168.74	5.8		5.69
24	143.96	135.32	6.38		4.58
25	159.94	149.93	6.68		5.08
26	77	41.09	87.39	不稳定	1.94
27	21.71	6.77	220.68		0.47

第四步：公变负荷曲线验证

以台区公变为例，根据前三步计算结果，A 相偏高，B 相低，C 相相对平稳。随后利用配电自动化Ⅳ区主站系统开展公变负荷曲线查询，负荷曲线如图 4-7 所示，结合曲线图在调相前再次确认。

第五步：现场核相并完成三相不平衡调整

以台区公变为例，根据系统确定调相用户清单列表，结合已确定的调相电量 29.75kWh，台区经理、技能型员工现场核相并完成落户线分相调整。现场用户调相：以分相识别仪为辅助，一主一从，确认用户所接用电相，用户 1+用户 2+…用户 $N \approx 29.75$kWh，完成调相。

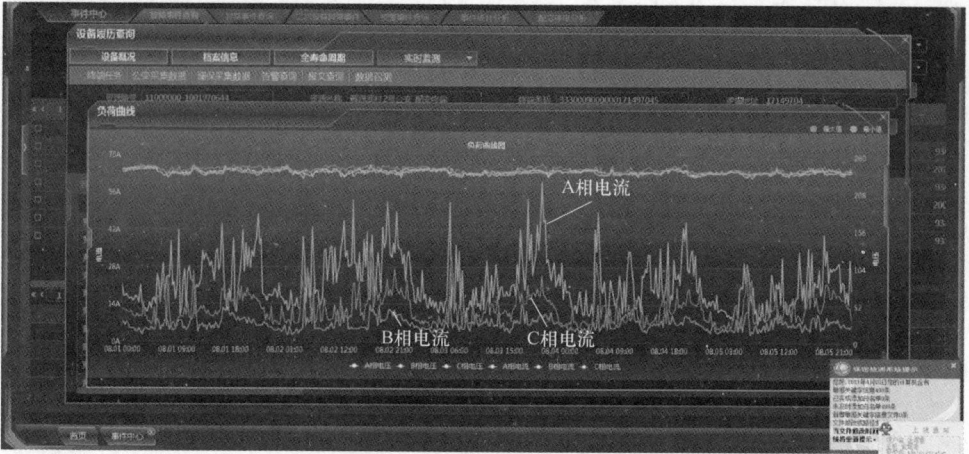

图 4-7　公变负荷曲线图

3．应用成效

以某供电所某公变为例，共有用户 34 户，台区容量 100kVA，4 月台区日均用电量 103kWh，台区日均线损 9.4kWh，台区日均线损率 5%左右，系统理论线损率为 3%。三相电流不平衡度达 65%，三相负荷分布不均，A 相电流值为 1.2A，B 相电流值为 13.6A，C 相电流值为 7.2A。

采用先系统判断用户、后现场勘察的方式，从系统数据找出用户电量与三相不平衡度强相关的用户共 9 户，针对这 9 户进行现场核对用户信息并实时定位，得出有 6 个用户挂接在 B 相线路。最终对该 6 个用户进行人工调相。经治理，三相电流不平衡度有所下降，日均线损率从 5%下降到 3%以下，效果显著。

应用"423"靶向治理法，全市累计消除三相不平衡台区 152 个，全年累计减少损耗电量 195 万 kWh。

5

综 合 降 损

随着电网快速发展，电网结构趋于合理，电网各元件的损耗趋于更经济、更合理的水平。就电网企业而言，抓好管理降损是进一步降低线损、提升经营管理水平的重要举措。管理降损，是指通过管理组织和措施来降损，主要包括健全管理机制、强化考核激励、加强计量管理、提升分析水平等方面，进一步展开综合降损，以此来提升线损精益化管理水平。

浙江公司提档基础管理，推进采集感知和数据汇集，深化档案参数、拓扑关系治理，为降损分析和决策提供可靠支撑。进一步规范用电管理，优化计量装置配置，开展重点用户监测，加强自用电损耗管理，开展设备节能管理，确保电量计算无错漏，减少不必要的损失。进一步完善监测管控流程，提升专业分析水平，健全降损考核机制，构建基于全周期经济运行管理的线损精益管理新模式。

5.1 基础数据管理

5.1.1 加强基础数据质量

电网设备档案、拓扑关系等数据质量是影响线损率的重要因素，但由于数量庞杂、维护工作量大以及电网的不断发展，造成数据不完整、更新不及时，线损计算出现偏差。因此，加强基础数据质量是实现线损精益管理的重要前提。表 5-1 为电网基础数据治理的重点工作。

表 5-1 　　　　　　　　　　电网基础数据治理的重点工作

重点工作	
拓扑	（1）确认多端供电（手拉手）线路联络开关的位置状态。 （2）营配贯通比例要求达到 100%。 （3）配电变压器接入点信息

续表

	重点工作
设备参数	（1）配电变压器参数包括：配电变压器类型、容量、空载损耗、空载电流百分比、短路损耗、短路电压百分比。 （2）配电网线段的参数包括：线段的长度、线路类型以及供电半径等
配电变压器量测信息	（1）公用、专用配电变压器的量测信息正确齐全，包括配电变压器的有功功率、无功功率、线电压。 （2）量测结果断面齐全，无缺失断面的情况

1. 基础档案管理

建立发展、设备、营销、调控中心等部门基础资料信息共享联动机制，制定有关信息维护、共享管理流程，及时更新设备参数以及线路、变电站、台区、用户等接入关系。通过理论、同期线损校核，反向溯源，完成存量图数治理，提高基础台账的准确性，确保线损四分统计的完整性、准确性和及时性。

建立如下基础档案：①所辖各电压等级电网接线图，以及线路、变压器、补偿装置等设备参数；②分压及分行业售电量明细；③专线与专用变压器用户资料，包括关口计量点（计量位置、倍率等）、用电容量、用电性质等，专线用户（用户侧计量）、专用变压器用户（低压侧计量）线损电量计算方法；④10kV配电网公用线路线损档案，包括供电关口，以及与之对应的转出关口（线路互供、公用变压器台）与专用变压器用户；⑤0.4kV台区线损档案，包括供电关口，以及与之对应的低压用户、用户所在相等；⑥线损"四分"统计报表；⑦理论线损计算分析报告；⑧降损规划和年度降损措施计划。以台区为例，基础数据维护流程如图5-1所示。

2. 营配调贯通管理

深化营配调贯通应用，建立健全相关工作机制，加强配电网设备异动管理，及时更新维护基础资料信息库，落实"先绘图、后建档"方案，电网设备投运前完成拓扑构建与档案采录，投运当日完成设备状态调整。启用营配业扩报装交互流程和营配调贯通异动接口，实现各业务应用系统设备异动"日同步"。完善低压电网拓扑图，准确采录拓扑关系和用户接入相别，实现台区线损的分相管理。

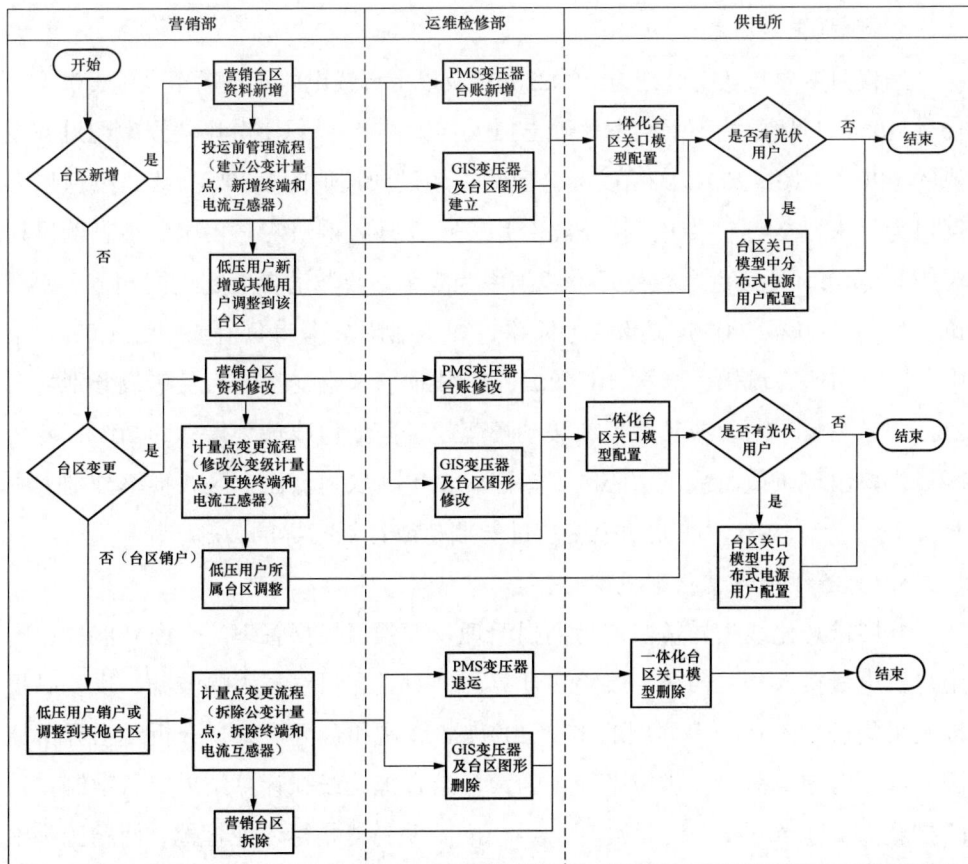

图 5-1 台区基础数据维护流程

3. 线损统计分析管理

建立定期线损分析机制，以月度、季度及年度为周期开展线损分析。月度针对异常情况进行分析，每季度进行一次全面分析、半年进行一次小结、全年进行一次总结，跟踪分析线损率变化情况，及时解决线损率计划执行过程中的问题，确保线损率计划完成。线损分析原则为：①定量与定性分析相结合，以定量分析为主；②同比、环比以及与理论线损对比分析；③线损"四分"指标与辅助指标分析并重。线损分析内容包括：①指标完成情况（线损"四分"指标与辅助指标）、线损构成、统计线损与计划和理论线损的比较分析；②线损波动及异常原因分析；③线损管理存在的问题和拟采取的降损措施。

4. 线损异常管控

线损月度异常认定原则为：①220kV 及以上母线电能不平衡率大于±0.5%，10～110kV 母线电能不平衡率大于±1.0%；②35kV 及以上分压线损率超过同期值的±20%，10（20）kV 及以下分压线损超过同期值的±30%（线路出口抄表例日为月末日 24 点，专用变压器、公用变压器抄表例日应与售电量抄表例日相对应）；③市、县级供电企业月度线损率为负值，或波动幅度超过同期值（或理论值）的±20%；④35kV 及以上线路、变压器损失率为负值或超过 1.0%，市中心区、市区、城镇、农村 10（20）kV 线损率（含变损）为负值或分别大于 2%、2%、3%、4%，或其线损率波动幅度超过同期值或计划指标的 20%；⑤台区线损率出现负值，或市中心区、市区、城镇、农村低压台区线损率分别大于 4%、6%、7%、9%，或波动幅度超过同期值或计划指标的 20%。

5. 完善线损异常治理机制

开展常态化线损异常监测与高损治理，加强日线损管理，全面开展关口与用户日电量接入与"四分"线损日计算。针对具有日线损大幅波动、反复高损以及采集长期不在线等问题的 10（20）kV 线路和台区，认真分析线损异常原因，综合考虑负荷率、供电半径等因素，结合理论线损计算结果，科学制定整改措施，实施"一线一策"和"一台一策"。坚持"指标专业管控、问题源头治理"的原则，固化"异常监测—工单派发—治理跟踪—成效验证"的跨专业闭环工作流程，指标管控责任部门（单位）负责指标异常分析和工单跟踪督办，问题源头责任部门（单位）负责线损异常治理和工单办理反馈。

异常控制措施包括：①各级单位应制定线损异常处理相关机制，明确处理原则、处理流程、处理措施、责任主体和处理期限；②线损异常处理应按照发现异常、明确异常原因、落实责任主体和处理措施、跟踪处理结果，最后提交分析材料的流程，形成闭环管理；③线损各级管理单位应与营销部门配合，确定合理的售电抄表例日，明确因供售不同期电量对本单位线损率指标影响的允许范围。拓扑异常处置流程。如图 5-2 所示。

5.1.2 提升计量采集水平

电能计量装置的准确性对线损率计算至关重要。计量问题常导致线损指标失真，因此，电能计量管理是电网企业生产经营的关键环节。加强电能计量装置管理，有助于降低电网损耗，提升供电企业经济效益。

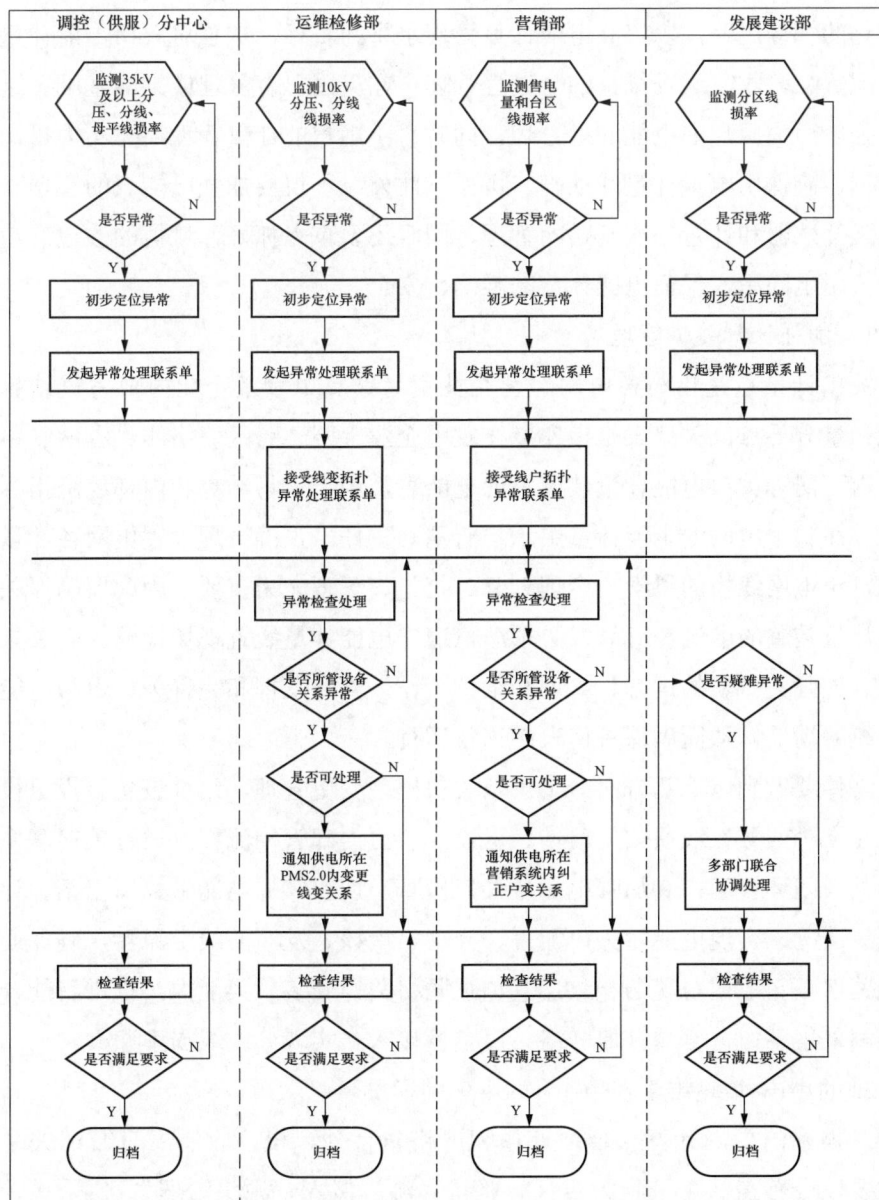

图 5-2　拓扑异常处置流程

为更好地适应新形势，满足电力市场商业化运营和加强内部管理的需要，在计量管理工作中强化三种观念，即计量工作无小事的观念、精益求精的观念和公平公正的观念。作为电网企业要坚持严格管理、规范运作，坚持集约化、精细化的管理思路，以提高电能计量管理水平为目标，加强对关口电能计量装置的配置、验收、运行维护的全过程管理；在巩固已有管理成果的基础上进一步加强电力大用户的电能计量管理，同时对小用户的计量管理要充实力量，管理到位，确保用电量计量的准确、可靠。此外，不仅要加强电能表的管理，还要加强互感器和计量二次回路的管理，同时还要重点抓好计量柜的改造，消除不规范用电隐患，保证电能计量的准确、安全。

1. 加强计量关口管理

关口计量点是指与各电网经营企业贸易结算电量及企业内部考核结算的电量计量分界点。关口表是指安装在发电企业上网、跨区联络线、省网联络线及省内下网等关口电能计量装置中的电能表，用于贸易结算和内部经济指标的考核，在整个电网的电能计量中承担着重要责任。正确合理设置电网各计量关口点，对电网线损的科学、合理划分、统计、管理尤为重要。因此要确保关口电能计量装置的准确和可靠，必须严格遵守电能计量装置现场检验的有关规程要求，加强关口表的运行、管理和维护工作，同时发挥和完善关口表与电能计量系统的功能，从而确保关口表的正常运行。

具体要做到以下几方面：①规范关口模型变更管理，结合设备新投退役信息，建立"四分"线损关口新增、退役、变更内部管控流程，通过关口联系单实现关口闭环管理；②加强电能量关口检查，切实掌握电能量关口档案、计量与采集情况，实现电能量关口配置、异动、审核、发布的线上流转，确保业务系统关口档案数据与现场一致；③加强联络关口安装采集能力，推进智能开关改造和采集工作，全面打通联络关口电量接入，实现分线线损率归真。

2. 加强采集运维管理

线损率的正确计算与合理计量和严格执行抄、核、收制度有密切关系，因此要以全覆盖、全采集为目标，坚持"源端接入、源头治理"，日采集、日监控、日补采、日统计，优化缺陷响应机制，完善补采召测机制和采集消缺流程，做到采集失败处理"日清日毕"。强化计量装置周检与轮换管理，消除超期、超差、缺陷或故障表计运行，减少飞走、慢走、倒走、停走等异常状况，确保精准计量。

5.2 电网自用电管理

5.2.1 自用电管理措施

自用电是指供电企业非生产性的办公经营用电，包括变电站站用电、办公场所用电。为了加强企业自用电管理，杜绝浪费，应明确自用电管理责任单位和管理标准；健全办公用电、站用电及站内无功补偿装置等电网生产用电关口配置，实现关口计量全覆盖全采集；加强自用电的监测、统计与分析，分析各类型用电特性，重点通过运行策略调整以及新设备新技术应用，挖掘自用电节能潜力；开展调相机、储能电站等专项用能监测，分析用电特性，进一步优化调整运行策略，提升电网经济运行水平。

5.2.2 实践案例：35kV 电抗器投切策略优化

1. 问题描述

针对浙江某地区变压器 35kV MCR 电抗器损耗偏大的问题，通过跟踪分析电抗器日损耗数据以及 A 变电站负荷电压情况，得出 A 变电站 MCR 电抗器在运行中投入容量过大的结论。通过优化电抗器投切策略，在满足无功电压考核前提下，减少电抗器输出容量，从而达到降低损耗的目的。

220kVA 变电站 1、2 号 MCR 电抗器容量均为 10Mvar。2022 年 1～5 月，A 变电站两台电抗器损耗 140 万 kWh，日均损耗将近 1 万 kWh，占该地区公司 35kV 分压总损耗电量的 18%，如图 5-3 所示。

分析 1～5 月 A 变电站电抗器运行情况发现，绝大部分时间电抗器以最大功率输出，MCR 对电抗器无功输出调节有限。6 月以来，每天约 10～12h 为满功率输出，主要集中在晚上、中午等负荷低谷时段。其余时段 MCR 对电抗器无功有调节作用，单台电抗器最低输出约 7Mvar。原因可能是上半年降水较往年多，水电大发，A 变电站作为终端送出电源，距离 B 变电站电气距离较远，水电送出导致 A 变电站 220kV 母线电压抬升较多，MCR 控制策略以调节电压为优先，电压满足要求后再调节功率因数，故电抗器长期满功率输出；5 月 31 日 B 变电站投运后，A 变电站送出至 B 变电站电气距离减小，220kV 母线电压抬升相对较小，故 6 月以来在负荷低谷时段 MCR 适度降低电抗器输出。

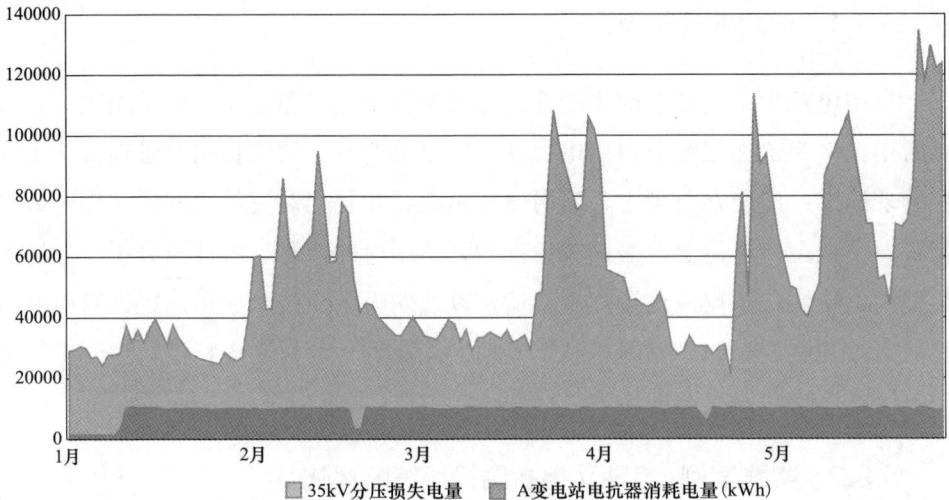

图 5-3　A 变电站电量损失和消耗情况

根据现场系统运行方式及电抗器控制逻辑、输出容量等数据核查，A 站磁控电抗器输出容量较大，原因为电抗器在保证 220kV 和 35kV 电压合格的基础上，还需将 35kV 进线补偿点无功补偿至较大感性值，此时电抗器一直按照最大感性进行输出，故整体损耗偏大。

2. 提升措施

考虑经济运行条件下，A 变电站 MCR 电抗器的经济运行优化原则为：保证 220kV 和 35kV 电压合格的基础上，使 MCR 输出容量最低。根据以上优化原则，调整 MCR 控制逻辑和控制定值，使 MCR 在 220kV 和 35kV 电压合格的同时 MCR 输出容量最小；220kV 和 35kV 电压越限时，输出较大感性无功，快速控制电压在合格范围。

控制逻辑中无功调整上下限定值 H-Q-SET、L-Q-SET 出厂设置默认为极大值，调整设定上限一次值为 1000kvar，下限一次值为 200kvar。

3. 应用成效

8月在对A变电站电抗器控制策略进行优化后，电抗器损耗由优化前日均约10000kWh降低至日均约1300kWh，如图5-4和图5-5所示。A变电站所在电网公司8月35kV分压线损率2.65%，同比下降6.4%，如图5-6所示，证明电抗器消耗电量明显减少。

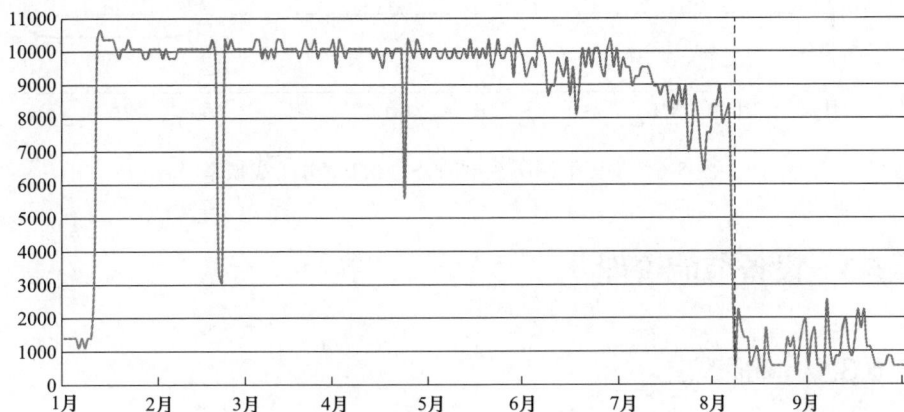

图 5-4　A变电站电抗器日电量（kWh）

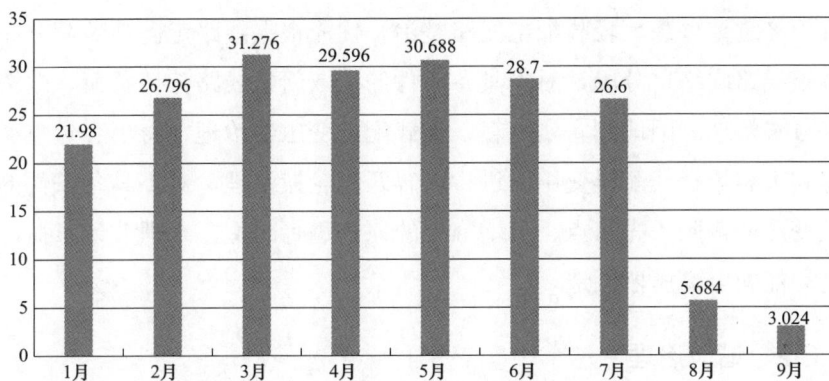

图 5-5　A变电站电抗器月电量（万kWh）

通过电抗器控制策略的调整，零资金投入即有效减少电网运行损耗，降损成效显著。若对同类型电抗器进行调整，将进一步降低损耗，预计年节约电量160万kWh。

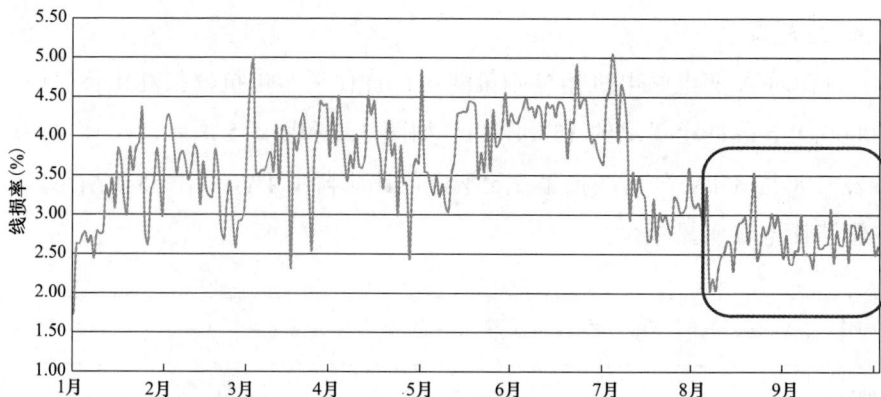

图 5-6　A 变电站所在电网公司 35kV 分压线损率

5.3　设备节能管理

5.3.1　降损改造

各类电力设备设计选型时应结合电能损耗情况，经技术经济比较后合理选择，同等条件下应优先选择低损耗节能产品。

统筹推进重过载、轻载配电线路整治，优先根据线路走向与负荷分布情况优化调整线路联络、分段，对不具备条件的采取新建线路分切负荷、改造导线截面等方式治理。因地制宜实施轻、重载配电变压器治理，将小容量重载配电变压器和大容量轻载配电变压器进行荷容匹配轮换治理，对不具备条件的重过载配电变压器按照"先布点、后增容"的原则进行改造，合理分切负荷，同时加快高耗能配电变压器改造。

5.3.2　谐波治理

当谐波电流在电网中流过时，会与同频谐波电压产生谐波功率，谐波功率以发热的形式在传输过程各环节及用电设备中消耗掉。谐波引起变压器损耗增加主要是指涡流损耗、磁滞损耗和杂散损耗的增加。其中涡流损耗与频率的平方成正比，磁滞损耗也随着频率的升高而增加，而且由谐波引起的涡流损耗比磁滞损耗大。另外谐波电流特别是三次谐波注入三角形连接的变压器，会在其绕组中形成环流，使绕组发热，进一步增大变压器损耗。而且谐波电流会使变压器铁芯的磁致伸缩导致噪声增加，同时谐波增大了变压器的铜损、铁损，导致变压器温度升高而容量降低。

浙江电网主要的谐波源为电动汽车充电桩、轨道交通牵引站、分布式能源、电力电子型用电设备等。增量谐波源将成为增加浙江电网线损的因素之一，科学合理配置消谐装置将有利于降低线损率。在谐波管控方面，按"谁污染，谁治理"的原则，对新增用户，依据用电负荷性质，要求产生严重谐波的用户加装相应的消除谐波装置；在电网项目的设计过程中，对非线性负载采取有力的谐波控制措施，减少谐波注入电网，从而减少谐波带来的各种损失。

5.3.3 实践案例：10kV 某线降损改造

1. 问题描述

浙江某地 A 线全长 40.32km，主干长度 9.06km，分支线 31.26km，供电半径 18.31km，最高负载率 48.40%，平均负载率 21.40%。2020 年 5 月丰水期线损率 15.46%，7 月枯水期 6.07%。代表日理论线损率为 8.06%，其中线路损耗 1794kWh，占比 56%，是造成该线路高损的主要因素。

A 线配电变压器功率因数低于 0.9 的有 13 个台区，其中 5 台公变、8 台专变。同时，该线接有 3 个水电站，5 月丰水期发电量分别为 323680、49526、71168kWh。电站正常发电情况下均能满足功率因数 0.9 要求，在不发电时功率因数较小。

通过设备情况及理论线损分析，得到各类指标对线损的贡献度，如表 5-2 和图 5-7 所示。

表 5-2 线 损 指 标 关 联 占 比

影响因素	关联度	线损贡献度（%）
变压器容量	0.5899	12.44
导线截面	0.8228	17.35
功率因数	0.7579	15.98
供电半径长度	0.8038	16.95

影响因素	关联度	线损贡献度（%）
接入小水电容量	0.8263	17.42
输入电量	0.9423	19.87

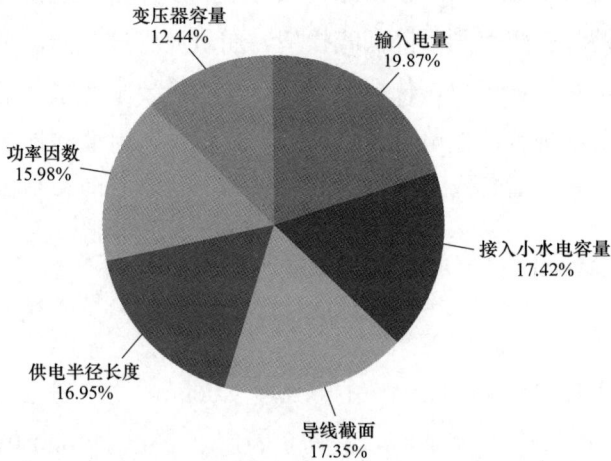

图 5-7 线损指标导致电量损失占比

A 线路线损影响因素中线损贡献度最高的是输入电量、接入小水电容量。该线路小水电发电占总输入电量的 40.32%，其中发电量最大的水电站接入线路末端，线路负荷较低，距离负荷中心较远，不能就地平衡，发生倒送。建议考虑小水电改接至其他线路，减小输送距离；改造 A 线负荷中心线路，增大导线截面。

2. 提升措施

优化 10kV A 线和 10kV B 线的线路联络点，将 A 线路末端水电站转接到 B 线，减小水电站与变电站间的距离，缩短 A 线供电半径。加强小水电管理，保障功率因数合格降低损耗，降损方案如表 5-3 所示。

表 5-3 降 损 方 案

降损项目	降损措施	单价（万元）	投资费用（万元）
小水电改接	优化联络，增设一台 10kV 联络开关	7	7
线路改造	改造部分主干线路导线为 120mm^2 的导线 9.98km	9	89.82

3. 应用成效

以现有电量为基准，以增大线路截面措施为主，进行能耗效益、经济效益计算。小水电改接降损方案一年节省电量共 62483.09kWh，年节省费用 3.50 万元，降低线损 0.55%，投资回报周期 2 年，单位投资节省电量 8926.16kWh/万元；线路改造降损方案一年节省电量共 179050.63kWh，年节省费用 10.03 万元，降低线损 1.57%，投资回报周期 8.96 年，单位投资节省电量 1993.44kWh/万元。降损成效如表 5-4 和表 5-5 所示。

表 5-4 降 损 措 施 能 耗 效 益

降损项目	降损措施	年节省电量（kWh）	年节省费用（万元）	降低线损率（%）
小水电改接	优化联络，增设一台 10kV 联络开关	62483.09	3.50	0.55
线路改造	改造部分主干线路导线为 120mm² 的导线 9.98km	179050.63	10.03	1.57

表 5-5 降 损 措 施 经 济 效 益

降损项目	降损措施	年节省费用（万元）	投资回报年限（年）	单位投资节省电量（kWh/万元）
小水电改接	优化联络，增设一台 10kV 联络开关	3.50	2	8926.16
线路改造	改造部分主干线路导线为 120mm² 的导线	10.03	8.96	1993.44

5.4 线损管理机制

5.4.1 完善监测管控流程

建立"三级三化管控"模式，构建"调控（供服）分中心—供电所综合班—供电服务网格"三级管控闭环机制：①开展常态化监测，构建"日监测、周通报、月管控"常态化监测模式，对 35kV 元件、10kV 线路和低压台区开展常态化全监测；②清单化预警，定期梳理线损异常负面清单，将重点管控的高损耗设备纳入告警督办体系，定期发布高损耗设备清单和治理进展，固化"电网运行监测—问题设备清单派发—异常治理跟踪—结果成效验证"的闭环工作流程；③工单化管控，明确各类流程的处理时限，针对临期、超期的流程以及线损异常未闭环事件，以预警单、整改单、督办单形式，下发至职能部门和基层供电所，要求限期完成整改。

5.4.2 提升专业分析方法

基于同期、理论线损计算结果以及电网设备运行数据，浙江某地区创新构建了"三率四分五步"分析法。构建基于同期线损、理论线损、统计线损"三率"校核，分区、分压、分元件、分台区"四分"穿透，负载、流变、无功、窃电、三相平衡"五步"查因的分析研判体系，准确排查异常问题。将线损分析融入规划、可研、计划、建设、运营、评价六大关键环节，扩展分析广度，调用同期线损、OPEN3000、PMS、用电信息采集、配电自动化等多专业系统数据，从电网网架、关口计量、经济运行三个技术条件入手，实现 15min 高损定位、多元化判断高损原因、多角度制定治理对策、多层次评估治理成效，打破以往线损分析的局限性。

5.4.2.1 电力线路的损耗分析

1. 静态指标分析

根据《配电网规划设计技术导则》（DL/T 5729—2016）、《配电网技术导则》（Q/GDW 10370—2016），分析判断线路导线截面积、供电半径是否合理；对于超标线路，应结合负荷密度及实际负荷水平，提出降损改造措施建议。运行线路的长度和截面积，均应满足线路的电压降标准要求。根据《10kV 及以下架空配电线路设计技术规程》（DL/T 5220—2021）规定：1～10kV 架空线路，自变电站（或开闭所）二次侧出口至线路末端变压器或末端受电配电所计量点处的允许电压降为额定电压的 5%；1kV 以下配电线路，自配电变压器二次侧出口至线路末端（不包括接户线）的允许电压降为额定电压的 4%。

2. 动态指标分析

结合电力线路负载、统计线损率情况，依据《中低压配电网能效评估导则》（GB/T 31367—2015）判定配电线路线损率是否超标，线路的负载率最高不宜超过 70%，最低不宜低于 30%。当线路线损率超标时，应结合实际负荷水平，提出具体的降损措施建议。不同负荷密度的供电区，单条线路损耗率标准如下：

对于中压配电线路，A（含 A+）、B、C、D 类供电区对应的线损率标准分别为 2%、3%、4%、5%；对于低压配电线路，A（含 A+）、B、C、D 类供电区对应的线损率标准分别为 4%、6%、8%、10%。

5.4.2.2 电力变压器的损耗分析

1. 静态节能水平分析

根据《油浸式电力变压器技术参数和要求》（GB/T 6451—2015）、《20kV 油浸式配电变压器技术参数》（GB/T 25289—2010）、《干式电力变压器技术参数和要求》（GB/T 10228—2015）、《电力变压器能效限定值及能效等级》（GB/T 20052—2020）等标准，分析判断变压器是否高耗能；对于高能耗变压器，根据运行年限及负荷大小，提出降损节能措施建议。

2. 动态运行损耗分析

结合变压器负载、功率因数及其分接电压状况，参考《电力变压器经济运行》（GB/T 13462—2008）、《配电变压器能效技术经济评价导则》（DL/T 985—2012）等判定变压器运行的经济性和高效性，依据《中低压配电网能效评估导则》判定配电变压器运行损耗率是否超标，变压器的负载率不宜超过 80%。

3. 变压器无功补偿分析

依据《配电网技术导则》（Q/GDW 10370—2016）判定无功补偿度是否合理，35kV 变压器的无功补偿容量标准为变压器容量的 10%～30%；高峰负荷时，变电站变压器一次侧功率因数不宜低于 0.95；当变压器功率因数不达标时，要分析无功补偿装置是否满足补偿需要，是否能够实现精细化可靠投切，并提出优化补偿措施建议。

5.4.2.3 计量装置运行分析

1. 准确度分析

根据《电能计量装置技术管理规程》（DL/T 448—2016）核查电能表、电流电压互感器的准确等级是否达标，电压互感器二次回路压降是否超标；当互感器精度或二次回路误差超标时，要结合负荷和现场实际情况分析原因，并提出改进措施建议。

2. 运行质量分析

根据《电能计量装置技术管理规程》（DL/T 448—2016）核查计量装置技术管理是否规范，分析电能表、互感器及其二次回路压降周期轮换、监测是否规范，计量装置异常与故障导致的电量追退处理情况，查找不符合规程的相关问题，并提出解决问题的措施建议。

5.4.2.4　综合线损分析

1. 综合线损率分析

根据《电力企业节能降耗主要指标的监管评价》（GB/T 28557—2012）评价综合线损率是否合理。报告期内电网综合线损率变化值 k（k＝当期值/上期值）的范围应为：$0.95 \leqslant k \leqslant 1$。当 $k<0.95$ 时，应统计分析，说明情况；当 $k>1$ 时，应组织编写超限分析报告，同时对引起综合线损率变化超限的各种因素进行理论计算分析。

2. "四分"线损分析

按分区、分压、分元件、分台区多层面地开展统计线损与理论线损对比分析，与年度历史数据相比较，与线损元件分析相结合，判断高损区域、高损元件，提出高损元件治理措施，必要时将高损元件治理纳入项目储备。统计线损与理论线损对比分析时，要考虑两者的可比性，必要时可同口径调整。统计线损率和理论线损率变化趋势应基本一致，否则应查明原因。

3. 线损构成变化分析

在分压、分元件线损分析时，应分别列出线路损耗、变压器铁损和铜损、电容电抗损耗及站用电占该电压等级总电能损耗的百分比，并与上年或历年的数据相比较，以便判断损耗结构的变化。分析供电电压、输送距离（或供电半径）、电流密度、变压器负载率是否合理，以及售电量构成变化对电能损耗的影响。

4. 无功补偿分析

按照分压分区、就地平衡的原则核查各级电压无功补偿是否合理。

5.4.3　强化管理责任与激励

1. 落实线损管理职责

各级单位应不断深化线损"四分"管理，落实线损管理职责分工，实施精细化线损管理。将台区和 10kV 线路的管理责任落实到一线班组和个人，合理分解线损指标，逐级制定降损目标，定期评比管理成效，实现线损管理成效与工作绩效挂钩。结合全能型供电所建设，将线损管理融入供电所、配电班组等基层单位的日常生产和运行管理，实现与采集监测、用电稽查、营配调贯通等业务深度融合，提高线损分析诊断能力和异常处理效率。

2. 专业管理协同

线损管理涉及规划设计、电网建设、计量安装、设备运行、营销管理等诸多专业，综合管理部门应认真落实"四分"线损管理职责，科学制定线损指标计划，细化管理措施，加强统筹协调和工作督导；各专业部门认真分解目标任务，加强指标管控，实现专业管理与线损管理的有机融合，同时要制定并落实配套的部门协同成效管理考核与奖惩激励措施。

3. 中低压线损管理

中低压线损管理是电网企业实现降损增效的关键。以中低压线路线损责任制作为中低压线损治理的主要抓手，深入推进和落实中低压线路线损管理责任制。加快城区网格化综合服务管理，优化调整班组职责，推行中低压线损属地化管理；逐条线路落实线损责任人，线损责任人负责承担线路线损指标，负责线变关系梳理工作，开展线路线损的日常监控、异常分析，根据问题原因，组织协调相关班组开展线路线损异常治理；设立中低压线损专项奖励，制定中低压线损相关指标责任人考核目标和考核奖励方案，实现奖惩分明，提升各责任人的工作积极性。

4. 激励机制

建立以节能降损为目标的分专业线损率业绩考核办法和精准降损成效评价体系，实现发展、设备、营销、调度四大专业协同推进分区、35kV 以上、10（20）kV 及 0.4kV 电网节能降损工作；将重要降损指标纳入绩效和同业对标，根据降损成效、贡献度和责任制，对各专业部门、县公司进行综合评价，将考核结果与相关责任人薪酬直接挂钩。建立基层激励机制，把可考核的指标分解至最小单位，将台区经理绩效与台区线损率指标挂钩，提高基层线损工作热情，激活基层线损治理潜力。

5.4.4 构建全周期经济运行管理模式

打造配电网全周期经济运行管理是电网企业实现高质量发展的重要抓手，

受电网企业战略调整、清洁能源发展以及内外部经济发展环境变化影响，线损作为贯穿配电网生命全周期的关键指标，大力推进电网全周期经济运行管理对节能降损起着至关重要的作用。

5.4.4.1 管理方法

结合规划、建设、运行等全环节高效协同支撑和源网荷储资源灵活控制，构建电网全周期经济运行管理新模式，如图5-8所示。

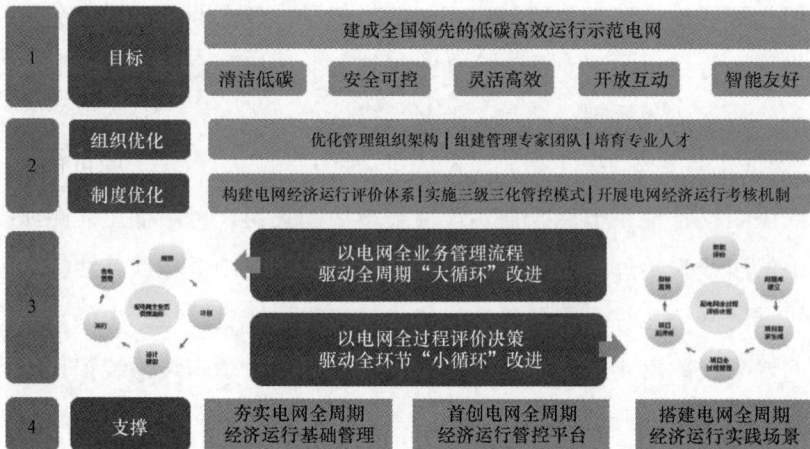

图 5-8 电网全周期经济运行管理新模式

（1）组织机构优化，建立跨部门、跨层级齐抓共管、协同推进的组织架构，电网经济运行管理横向延伸到规划计划、设计建设、供服等专业部门，纵向贯穿至供电网格和供电单元。

（2）评价体系优化，构建涵盖电网规划、电网运行、电网设备、灵活资源、综合管理等五方面符合电网实际的电网经济运行评价指标体系，实现电网运行和专业管理效能动态管控。

（3）形成全业务流程驱动，以电网运行效能最优为核心要素，将低碳高效理念融入电网规划、计划、设计建设、运行和售电管理"5环节"全业务管理流程，驱动全周期"大循环"改进。

（4）形成全环节闭环管控，构建"多维关键指标监测—电网运行效能评估—形成问题指标库—生成降损措施及项目需求—实施降损项目全过程管控—进行降损项目后评价—反馈验证电网运行效能"的闭环管控机制，驱动全环节"小循环"改进。

5.4.4.2 电网经济运行管控平台

浙江公司依托数字化技术革新,基于"网上电网"建设首个电网经济运行管控平台。融合发展、调度、设备和营销等专业海量业务数据,以涵盖源网荷储全边界和规划运行全环节的评价指标体系为支撑,全方位可视化实施电网经济运行状态监测分析,提供电网降损业绩看板,支撑效能指标多维度关联分析,智能开展电网经济运行能力评估,精准定位降损重点领域开展降损辅助决策,进一步提升配电网经济运行全景管控和专业融合协同管理能力。

电网经济运行状态管控平台不同于现有线损管理系统只注重计算结果导向与异常线损局部治理,它作为电网碳排效能与线损管理水平的可视化展示平台,可直接给出电网运行诊断报告,直观感受电网整体运行效能水平,简单明了反映电网总体运行特征,精准定位降损重点领域。同时该平台侧重于指导基层线损管理人员实施异常线损实时管控,基于电网基础数据多维聚合和关键运行指标关联分析,辅助开展典型场景降损智能决策制定,实施涵盖规划、计划、设计、建设、运行评价等全环节链条管理。电网经济运行管控平台功能架构如图 5-9 所示。

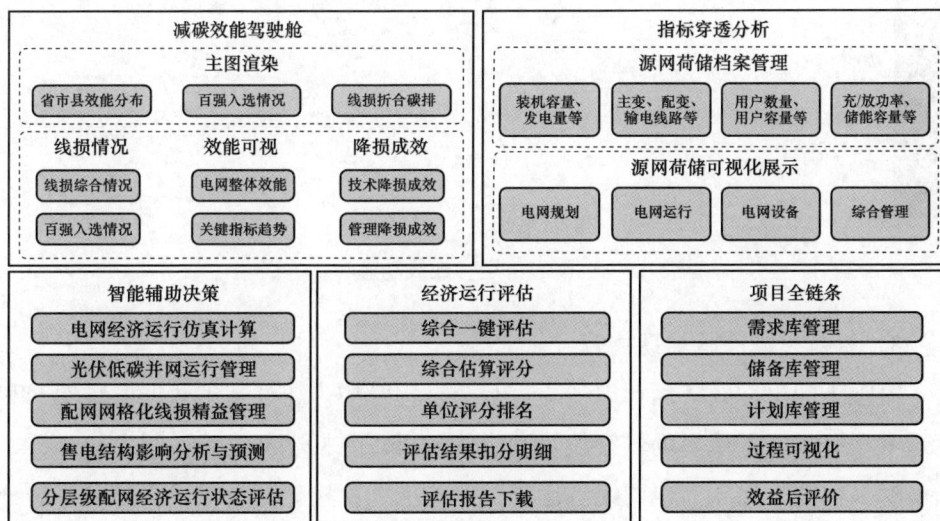

图 5-9　电网经济运行管控平台功能架构图

1. 电网降损业绩看板

以电网实时运行和全景业务数据为基础，重点展示线损率、线损电量折合碳排量、电网运行效能以及降损成效等情况，并分时间、分层级穿透展示辖区内电网运行效能关联规划、运行、设备、灵活资源指标，为各级单位辅助提供效能参考。

2. 在线动态评估运行效能

基于配电网全周期经济运行评价指标体系，融合发展、设备、营销和调控等业务系统数据，智能开展电网运行效能评估和分析，自动生成效能提升建议，将此作为新型电力系统建设高效能的重要依据。在线动态评估界面如图5-10所示。

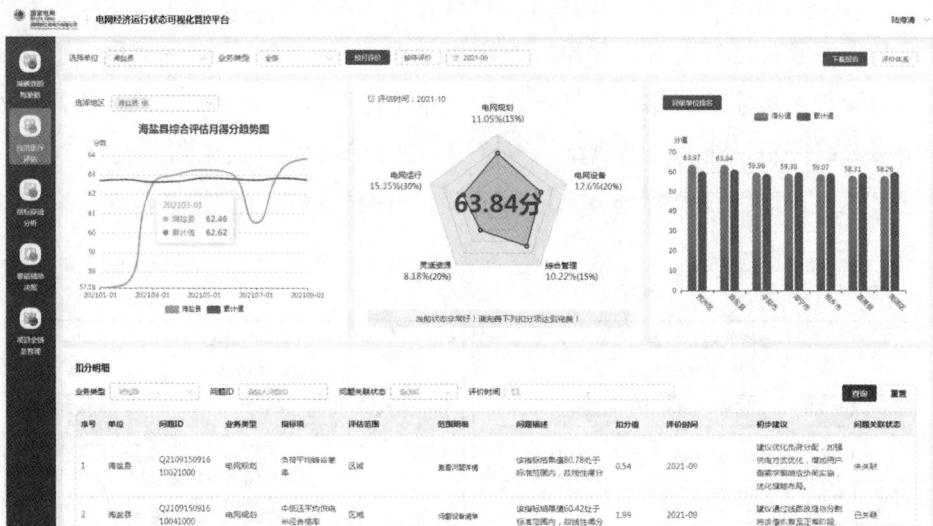

图 5-10　电网经济运行在线动态评估界面

3. 智能生成降损辅助决策

着眼于配电网经济运行宏观决策及全过程管控，通过基础数据多维聚合和穿透关联分析，开展多场景智能辅助决策分析，包括电网经济运行方式分析、新能源（储能）接入与电网经济运行关联分析、网格化配电网线损精益穿透分析、售电结构影响分析和预测、分层级配电网经济运行状态评估等，具体如图5-11所示。

（1）配网重构下电网经济运行仿真。通过大数据算法模拟仿真配电线路转供时分段开关不同位置状态下的潮流分布与线损情况，指导电网经济调度。

（2）设备经济运行方式分析。关联分析设备参数、负载率、负荷均衡度以及功率因数等指标情况，综合制定设备经济运行曲线，辅助指导负荷切割、无功补偿以及参数调整对设备经济运行的影响。重点展示电网设备经济运行占比、单位负荷提升增加线损电量以及配电变压器无功补偿线损波动率等指标对线损的闭环管理。

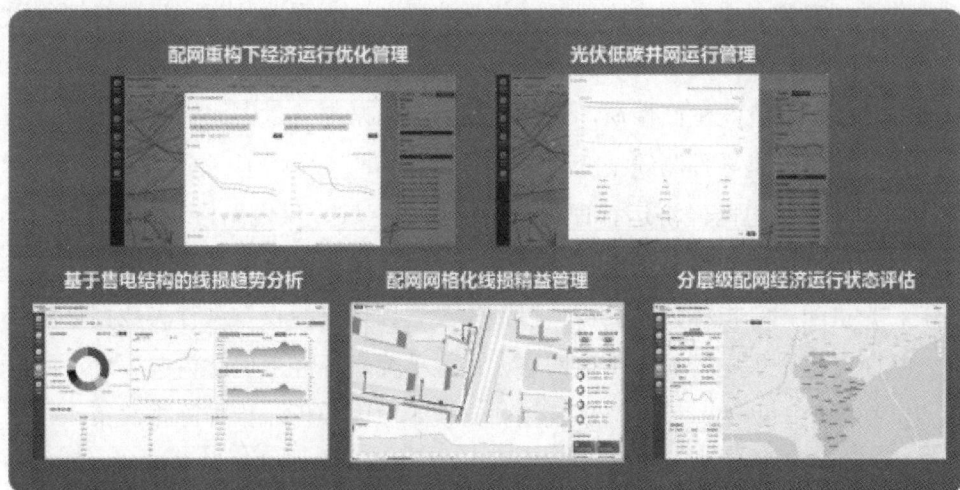

图 5-11　网格化配电网线损精益穿透分析示意图

（3）全网无功流动合理性分析。根据分析主变压器、配电变压器动态功率因数情况，实时监测全网无功流动情况，同时模拟计算功率因数小于 0.9 时的无功补偿量，并预警设备投切操作。

（4）新能源（储能）接入与电网经济运行关联分析。通过监测新能源（储能）接入点所属台区（线路）新能源（储能）渗透率、负荷情况、功率因数、用电户与发电户容量及发用电量比例（储能与用户用电负荷特性互补情况）等，模拟光伏（储能）最优线损接入方案计算、研究新能源（储能）渗透率和线损率光伏影响系数等，指导新能源点（储能）接入位置布局，优化新能源出力（储能削峰填谷）。

（5）网格化线损精益穿透分析。通过监测不同类型供电网格内电缆、架空线路以及配电站房智能网关终端（如联络开关、采集器等）配置情况及相应负荷电量采集情况，计算分段线路（台区）以及特定自定义区域线损情况，提升异常线损元件精准定位准确率，指导制定典型网格降损措施。

（6）需求侧经济响应分析。通过监测用户侧以及储能侧资源参与响应电网侧调节相关负荷及电量比重和响应次数，分析荷储侧灵活互动资源对电网整体峰谷差及潮流的影响，通过研究实现电网最优情况下用户需求实时灵活响应度。

（7）售电结构与电网经济运行关联分析。通过展示目前不同电压等级无损用户数量、容量、电量及占比情况，基于业扩在途流程以及营销摸排待接入用户储备库清单，进行无损用户关联分析。根据现有无损用户待接入清单预计接入时间、用户容量及生产性质，进行无损用户未来电量、占比预测，了解售电结构发展趋势，指导预测线损变化方向。

（8）分层级电网经济运行评价分析（供电区域、供电网格、供电单元）。按供电区域、供电网格、供电单元三个层级，通过相关无功、负载率、三相不平衡、光伏配置等指标关联分析，以预先设置评价指标权重进行大数据算法推演，从而对每个供电区域、供电网格、供电单元进行经济运行情况评价，给出重点高损区域、网架、设备清单及拓扑错误等原因分析，指导降损决策。

选择包含光伏接入、储能、电能替代（全电村）等形式的特色网格，结合分时负荷数据开展电网经济运行状态穿透分析，总结和形成线损管控的典型案例。

配电网全周期经济运行管理新模式自启动实施以来，其实际应用效果已经得到验证，并在浙江全域推广试点，相关成果进行适当的完善、优化后将趋向成熟，具备在全国推广应用的可行性。但在应用时需要注意各地区结合自身资源禀赋特点，差异化制定电网运行效能相关改进目标，注重基础数据的完整性与准确性。

4. 降损项目全链条管理

深入结合网上电网项目全过程管理及项目关联优化功能，提出降损项目标签化管理，针对改造项目以及电源点新增项目，通过理论模拟调整设备各种参数，使之找寻投资最小与线损最佳边界点，并在项目投产后形成经济后评价，提出降损项目建议。实现对单位线损下降所需电网投资、降损项目占比、降损项目经济效益指数等类型数据的监测及展现。降损项目全链条管理覆盖配电网规划、计划、设计、建设、运行评价等环节，深度融合电网运行和业务数据实施降损项目闭环管理，提升整体投入效率效益。

（1）降损项目可视化。可视化定位展示不同区域（可细化到供电网格）降损项目储备及实施情况，展示实施项目的目前施工节点；储备项目的近远期按年份规划状态，根据降损项目不同实施状态区别展示。

（2）降损项目需求。根据"四分"线损情况，平台滚动更新高损设备清单库，相关业务需求部门可针对长期处于高损状态以及严重影响电网经济运行水平的设备，进行项目需求提报，并流转不同部门会签审议。

（3）降损项目评审。通过对降损项目廊道布局、导线型号、设备容量、设备能效等级、设备精度以及无功补偿配置，新技术、高效能设备应用等情况进行综合评审，可视化展示项目前期关键指标存在问题，给出总体评价，并可穿透查看详情。

（4）降损项目后评价。构建降损项目针对性评价体系与模型，按照单体项目与整体项目投资开展后评价。分析总结项目实施过程中流程管理风险与评价项目经济合理性，重点参考降损项目运行方式、负荷分配均衡度、无功平衡流动、电能质量、设备运维、谐波及三相不平衡治理等进行评估，并对降损项目可预见期间内节约电量折算金额与降损项目总投资额进行效益分析，提出相应的对策或改进建议，推动项目精益化管控。

（5）降损项目示范评比。按照"示范引领、成果共享、全面提升"的思路开展示范项目评比工作，主要围绕降损项目流程规范、节点管控、设备选型、运行效率、新技术应用以及经济后评价等方面进行综合评定，形成不同类型的先进典范。

未来，需要进一步发挥同期线损系统监测和电网经济运行管控平台效能评价作用，充分挖掘灵活资源数据、指标过程数据与同期电量数据价值，更好地助力新型电力系统建设和电网高质量经济低碳发展，主要有以下四个方面：

（1）提升需求侧灵活资源调节能力。基于电网经济运行管控平台灵活资源在线监测，丰富经济运行调节手段。随着电动汽车等用户侧分布式储能的发展，开展电网与用户的双向交互响应。常态化开展需求侧响应，并推动政府出台相关补贴政策，加大用户侧节能激励力度。根据用户的不同用电特性，开展用户用电标签管理。

（2）服务电网精准投资与项目后评价。依托电网经济运行管控平台多系统数据集成与实时性优势，开展降损项目全链条管理，通过开展降损项目实施关联运行指标仿真计算，提前进行项目成效预估，进一步指导项目储备。再通过项目投产后实施效益后评价，验证降损项目投资精准性，实现科学评价项目效益，将电网精准投资理念落到实处；通过分析效能指标过程数据，对项目实施效果进行动态跟踪与实时评价，大幅提高后评价效率。

（3）开展行业能效综合评价诊断。结合行业产值数据，构建城市社会综合能效评价指标体系，分区域、分产业、分行业开展能效评价，探索研究企业用能增值服务，结合企业发展阶段与用电特性，预测企业未来发展态势，帮助企业开展节能工作。

（4）推广应用：①建立管理制度推动案例实施，形成新形势配电网全周期经济运行管控模式，形成推动电网效能提升专业管理办法、高损设备节能降碳措施方案、典型应用案例与标准化作业指导书等；②嵌入网上电网实行模块化管理，网上电网是建设电网规划与发展决策的全业务数字化的核心平台，将电网经济运行全过程可视化平台嵌入网上电网，是开展模块化应用的关键；③借助结对帮扶开展案例推广，通过与全国范围内电力公司开展结对帮扶活动，交流分享该案例管理模式，助推帮扶单位打造低碳高效运行示范电网，推动案例在更多地区落地。

5.4.5　实践案例：基于"四色预警制"的线损治理模式

1. 问题描述

在 PMS 系统建设初期，由于分布式电源分布广泛、网架结构复杂等原因，存在高压用户图实不一致的情况，而 PMS 建设完成后，线路工程如台区、线路的割接或新建等未能及时在 PMS 中进行准确维护，影响分线线损。为此，浙江某公司创新分线线损治理机制，提出基于"四色预警制"的分线线损管理办法。

最初，该地区 10kV 分线线损达标率在 60%～70%，尤其是在当年 3 月 10kV 分线线损达标率仅为 56.76%。在治理过程中发现部分线路存在重复分析、重复治理；部分异常线损未能及时处理，线路—台区对应关系一直未进行有效有计划地梳理；缺乏对 10kV 配电线路的线损异常情况进行分类汇总；各类异常处

106

理的相关责任部门不明确。这些问题制约着"一线一分析一对策"的开展。

2. 提升措施

"四色预警制"的核心在于四色预警表：绿色为日线损、月线损长期稳定合格；浅蓝为存在长期转供或临时转供引起的分线线损不合格；深蓝为已查明原因，需优先解决；红色为原因未明确，需全面核查。通过每天监测追踪，确认各条配电线路的线损异常情况，有效监管异常线路处理进度，归类总结线损异常类型，辅助新线损异常的分析，做到"治理一条，归档一条"。

图 5-12 为四色预警辅助一线一策专项治理流程图。"四色预警制"主要分为生成、更新、处理、考核四个方面。

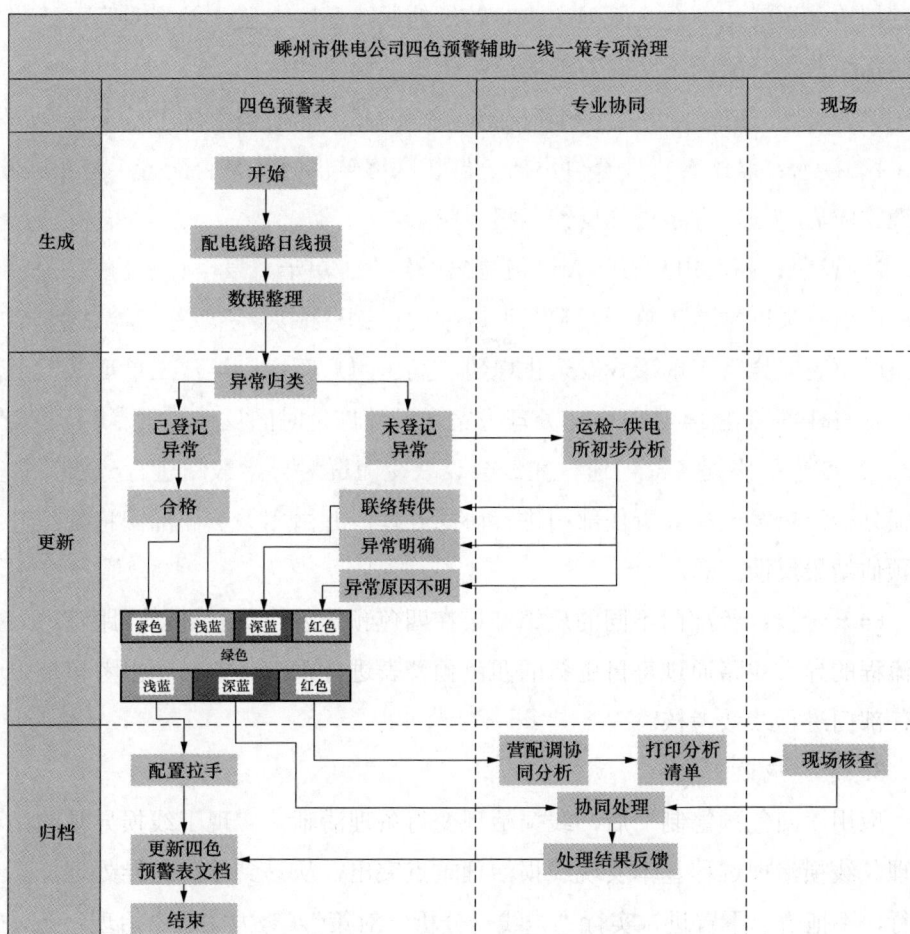

图 5-12　四色预警辅助一线一策专项治理流程图

（1）生成：分为第一次生成和日生成。

1）第一次生成：连续 7 日线损合格的线路标为绿色；联络转供打包后合格的线路标注浅蓝；查明异常原因可整改的线路标注蓝色；未查明原因需现场核查的要求供电所 1 周内进行现场核查反馈，并标注红色；逐步用颜色覆盖每条线路。

2）每日生成：每日下午导出配电线路同期日线损，整理数据，确认日线损清单中不合格的配电线路和四色预警表中不合格的配电线路。

（2）更新：对配电线路同期日线损清单对照四色预警表进行匹配归类，四色预警表中浅蓝或蓝色线路如连续显示 7 日合格，则将线路标注为绿色。其他原合格的线路当日不合格则取消颜色标注，后续同同供电所再进行初步分析。通过初步分析确认不合格原因，临时转供的线路标注浅蓝，原因明确可处理的线路标注蓝色，原因不明确需现场逐步排查的标注红色。

（3）处理：结合异常工单闭环机制，将确认的异常发至各责任部门进行处理。

1）浅蓝：联络转供发至供电所，确认联络转供时长是否配置手拉手线路，处理完成后将处理方案措施反馈线损专职。

2）蓝色：高压用户表计表底值缺失以异常工单形式发至计量班；关口表计表底值缺失以异常工单形式发至调度部门；台区割接、新增等运检 PMS 档案未及时更新以异常工单形式发至供电所；高压用户新增以异常工单形式发至营销；各责任部门在 24 小时内将处理方案和预计恢复时间反馈线损专职。

3）红色：协同各部门通过在线会议或交流群对异常线路进行分析，打印线损分析清单发至相关责任部门进行协同处理，并由相关责任部门将处理方案和预估结果反馈汇总。

（4）考核：各部门不同的反馈结果在四色预警表中进行更新。跟踪进入处理流程的异常线路通过每日更新的四色预警表进行跟踪，并对超出考核期限的责任部门进行绩效考核。

3. 应用成效

应用"四色预警制"后，线损治理变得条理清晰，实现了线损异常的闭环管理。线损治理过程基本实现线损治理重点突出，从易到难，差异处理，高效进行，不拖沓、不冒进，实行"一线一分析一对策"，努力完成"治理一条，合格一条"的目标。

源网荷储协同降损

源网荷储协同是指电源、电网、负荷和储能之间通过源源互补、源网协调、网荷互动、网储互动和源荷互动等多种交互形式，更经济、高效和安全地提高电力系统功率动态平衡能力，本质上是一种实现能源资源最大化利用的运行模式和技术。

随着新型电力系统的建设，电力系统运行方式、损耗特性、调节手段将发生巨大变革。电源侧，随着"一大三小"❶向"三小一大"❷量变演进，电源呈现多元化、分散化，就地平衡能力不断提高；电网侧，潮流由单向逐级向双向结构演变，损耗时空特性愈加明显；负荷侧，电能消费将由刚性需求向柔性需求转变，与电网间互动更为频繁，将成为一种新型的线损管理手段；储能侧，逐步成为电网安全运行的重要保障，在削峰填谷、平抑新能源出力波动性方面起到不可替代的作用。

在建设新型电力系统这项重大战略任务中，浙江公司运用技术、数字、政策、市场、组织"五组赋能"，聚焦源网荷储四侧资源挖掘和互动，重点从分布式电源优化、负荷灵活互动、储能高效协同等方面探索实践，持续提升电网调节能力和经济运行水平。

6.1 新型电力系统配电网规划

配电网是新型电力系统建设的主战场，是实现清洁能源就近消纳、多元负荷聚合互动、信息物理全面融合、综合能源互联互通的关键环节。传统配电网规划以网格化规划为主，按照行政边界和供电边界，将区域电网划分为多个网

---

❶ "一大三小"："一大"为煤炭，"三小"为石油、天然气、新能源。
❷ "三小一大"："三小"为煤炭、石油、天然气，"一大"为新能源。

格状的独立电网，以网格为规划的基本单元，逐个网格开展规划。但随着配电网形态、功能的变化，以及新能源大范围广域配置的发展趋势，能源资源的跨网格配置更加重要，因此在配电网新型电力系统规划中应开展基于能源流向的场景化规划。

6.1.1 规划场景分类

随着分布式电源、储能、电动汽车等多元主体的分散式、不平衡、大规模接入，区域电网功能、形态上的差别日益突出，单一的规划方法无法实现全域配电网的多目标规划，单个网格的规划无法满足能源资源的广域配置要求。因此配电网规划应由网格化规划逐步拓展为场景规划，即根据能源流向，开展基于能源送出、能源受入和能源自平衡的差异化场景规划。

能源送出型场景指该区域内可开发或已通过配电网接入的清洁能源资源丰富，但不具备就地消纳的条件，电能流向以上送为主。能源送出型区域以山区、乡村为主，水电、光伏或风电等资源丰富。

能源受入型场景指区域内能源资源禀赋较差，人口密集或工业负荷占比较大，电能流向以流入为主。能源受入型区域以市区、城镇、工业园区等能源消费密集型区域为主。

能源平衡型场景指区域内能源资源禀赋相对较好，整体负荷较轻，通过源网荷储一体化协调规划可实现能源生产与消费的基本平衡。能源平衡型区域以开发区、海岛、城镇郊区等为主。

6.1.2 场景化规划方法

以相邻的一个或多个网格组成规划场景，开展场景化规划。规划场景的构建，应按照能源平衡型＞能源送出型＞能源受入型的优先级进行确定，场景内网格数量应适中，不可过多，以满足规划场景构建为宜。图6-1为基于网格的规划场景构建示意图。

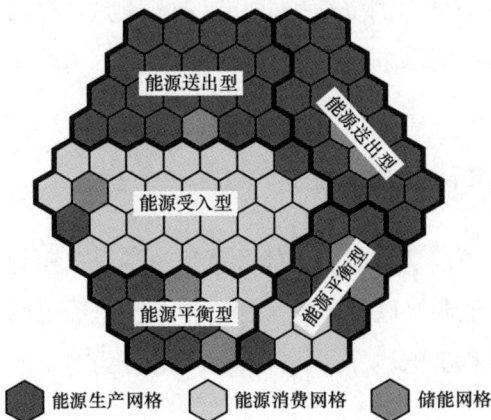

图6-1 基于网格的规划场景构建示意图

能源送出型场景应重点关注清洁能源的接入、送出，在清洁能源可开发容量预测的基础上，结合其出力特性，测算配电网建设的目标规模和容量，并校核配电设施的送出能力（最大输送能力 80% 校核），如图 6-2 所示。

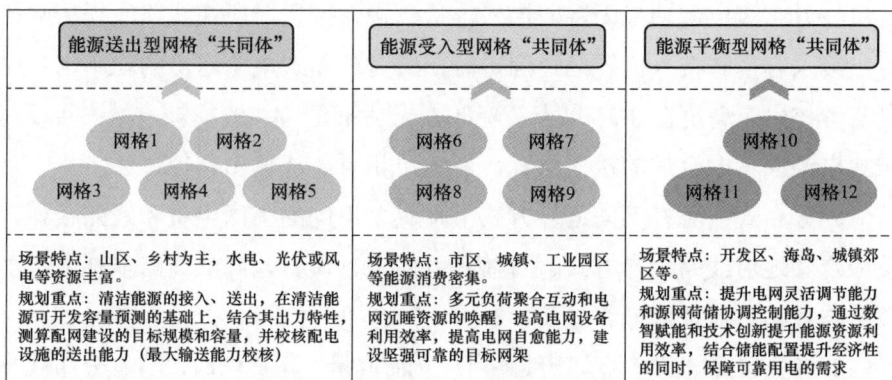

能源送出型网格"共同体"	能源受入型网格"共同体"	能源平衡型网格"共同体"
网格1 网格2 网格3 网格4 网格5	网格6 网格7 网格8 网格9	网格10 网格11 网格12
场景特点：山区、乡村为主，水电、光伏或风电等资源丰富。 规划重点：清洁能源的接入、送出，在清洁能源可开发容量预测的基础上，结合其出力特性，测算配电网建设的目标规模和容量，并校核配电设施的送出能力（最大输送能力校核）	场景特点：市区、城镇、工业园区等能源消费集密。 规划重点：多元负荷聚合互动和电网沉睡资源的唤醒，提高电网设备利用效率，提高电网自愈能力，建设坚强可靠的目标网架	场景特点：开发区、海岛、城镇郊区等。 规划重点：提升电网灵活调节能力和源网荷储协调控制能力，通过数智赋能和技术创新提升能源资源利用效率，结合储能配置提升经济性的同时，保障可靠用电的需求

图 6-2　规划场景划分

能源受入型场景应重点关注多元负荷聚合互动和电网沉睡资源的唤醒，提高电网设备利用效率，提高电网自愈能力，建设坚强可靠的目标网架（配电设施传输能力按 $N-1$ 校验）。

能源平衡型场景应重点提升电网灵活调节能力和源网荷储协调控制能力，通过数智赋能和技术创新提升能源资源利用效率，结合储能配置提升经济性的同时，保障可靠用电的需求。

6.2　分布式电源优化

6.2.1　分布式电源优化措施

分布式电源是指在用户所在场地或附近建设安装、运行方式以用户侧自发自用为主、多余电量上网，且在配电网系统平衡调节为特征的发电设施或有电力输出的能量综合梯级利用多联供设施，包括太阳能、天然气、生物质能、风能、地热能、海洋能、资源综合利用发电（含煤矿瓦斯发电）等。

随着新能源为主体的新型电力系统建设推进，分布式电源的渗透率不断提升，市场机制、网架结构、电源结构、电力系统运行特性发生着深刻变化。交直流功率耦合、高比例电力电子设备导致理论线损计算边界条件发生变化，系统性的精益化线损管理有待进一步研究，相对应的降损措施需要考虑以下几个方面：

（1）分布式电源功率因数、接入容量和接入位置对所在线路线损影响比较大。当接入容量和接入位置已经确定时，应对分布式电源送出的功率因数进行限制与考核，应满足在 0.95 以上，降低因无功不足增加的损耗电量；新投运的分布式电源应考虑合理的接入位置，避免单相重载或输出路径过长。

（2）分布式电源在不同运行方式下，有着不同的上网电量和线路损耗，因此，应合理地对线路运行方式、负荷等方面进行调整，降低线路损耗，匹配上网负荷与线路负荷，降低线损率。

（3）当分布式电源容量大于线路所接负荷容量一定比例时，随着分布式电源容量的增加电网损耗显著增加，可按需增设储能装置。

（4）偏远地区，可以将小容量分布式电源与微电网相结合。针对小容量径流式分布式电源可结合储能构成微电网，提高分布式电源消纳与降低线损。

6.2.2 实践案例：台区光伏优化调节

1. 问题描述

某低压台区，台区容量 400kVA，配有 80kWp 光伏。光伏倒送时，每日上送电量达到 400kWh，台区线损率由原先的 2% 左右上升至 3.2%。

2. 提升措施

当白天光伏倒送时，台区配变侧电压最高超过 242V，居民光伏并网点电压超过 240V，线损升高。通过融合终端启动综合治理功能，先通过调节台区内 19 台逆变器无功电压，将居民侧电压调节至 236V；然后通过 SVG 调节电容器无功，下调有载调压变改变抽头位置至三挡，将台区电压调节至 235V；最后控制台区侧储能以 30kW 功率进行充电，进一步消纳光伏出力。

当夜间该台区用电负荷增加，台区负载增加至 70%。融合终端启动负荷调节功能，将台区侧两台有序充电桩充电功率从 7kW 下调至 5kW，并控制台区储能以 15kW 功率进行放电，使台区负载从 70% 下降至 55%，避免出现重载情况。

3. 应用成效

通过以上调节动作，台区电压偏差均在±5%内，线损从 3.2%下降至 2.5%。通过智能融合终端的 App 应用分析，调动台区内部光伏、充电桩、电容器等资源，实现台区的最优经济运行。

6.3 负荷互动

6.3.1 用户侧可调资源

用户侧可调资源以需求响应为主要表现，通过电力用户响应价格信号和激励机制，改变其原有的用电方法，达到负荷调节的目的。需求响应可以实现移峰填谷，降低高峰时段的电力需求，提升电网运行的稳定性和效率，达到降低电网运行损耗的效果。

用户灵活资源主要包括两部分内容：

（1）区域内已签约的日前邀约、小时级、分钟级、秒级可中断（分路负控）负荷资源，应梳理统计相应类别、负荷量、接入点等。

（2）区域内工业、商业、行政办公和居民用户负荷以及电动汽车充电负荷，应分析各类用户典型负荷特征，分析可调节负荷潜力。

各类典型用户的调节裕度可按以下原则考虑：①可通过班次调整的平移型工业用户，可调节裕度按照 10%~30%考虑，可随时切除的中断型工业用户，可调节裕度按照 20%~50%考虑；②商业用户的空调等负荷，可调节裕度按照 20%~40%考虑；③居民用户响应水平一般较弱，可调节裕度按照 10%~30%考虑；④电动汽车可调节裕度可根据响应水平按 20%~60%考虑。

6.3.1.1 空调负荷

空调负荷在全社会负荷中占比高，且用户感应相对滞后，因此可作为用户侧需求响应资源进行重点考虑。分类用户调节潜力如表 6-1 所示。评估步骤如下：

（1）参考各类用地的典型负荷密度和空调负荷占比经验值，得到各单元冷负荷密度并计算各单元冷负荷容量。

（2）考虑不同类型负荷对舒适度的需求，工业用电的空调推荐采用中断方式调节，商业和居民空调负荷推荐采用全局温度控制模式进行调节。

（3）需确定各类地块冷负荷调节或响应的深度，考虑一定同时率后，叠加所有地块的可调负荷容量，估算网格削峰潜力。

表 6-1　　　　　　　　　　　　分类用户调节潜力

用电类型	工业			行政办公	商业金融	文化娱乐	体育健身	医疗卫生	教育科研	仓储物流	居民生活
	一类	二类	三类								
冷负荷比例（%）	25	22	20	60	55	45	45	43	45	60	35
调节模式	3℃	中断	中断	1℃	1℃	2℃	中断	0℃	2℃	1℃	2℃
调节域（%）	21	100	100	7	7	14	100	0	14	7	14

6.3.1.2　电动汽车

新型电力系统与电动汽车的协同发展是未来的趋势。预计到 2030 年，世界各国电动汽车的总保有量将达到 2.4 亿辆。以浙江省为例，根据《浙江省充电基础设施发展"十四五"规划（征求意见稿）》中的总体目标，浙江省"十四五"期间将加快充电基础设施物联网建设和互联互通，建设全省具有统一找桩、统一监管、支付便捷的充电基础设施管理平台，构建车桩匹配、智能高效的充电基础设施体系，有效提高充电基础设施利用效率。到 2025 年，全省建成公共领域充换电站 6000 座以上，公共领域充电桩 8 万个以上（其中智能公用充电桩 5 万个以上），公共领域车桩比不超过 3:1，新增自用充电桩 35 万个以上，积极推动长三角充电基础设施互联互通，构建覆盖全省及长三角地区的智能充电服务网络，满足日益增长的电动汽车充电需求。

电动汽车接入对配电网的影响如图 6-3 所示。从电力需求侧管理的角度来看，充电基础设施的价值主要体现在其对电网的峰谷调节应用上。充换电负荷将成为电力需求侧管理、峰谷调节的重要资源，在充电设施满足电网协同、双向化、充储结合、柔性化等弹性特征后，实现智能电网调度将有助于配电网线损下降。

从充电网络和运营模式上看，电动汽车充电网络大多是通过 10/0.4kV 变压器以三相四线制向用户供电。电动汽车作为单相负载接入充电网络时，充电行为的随机性和灵活性不可避免地引起充电网络三相电流不平衡、有功功率线损高、电能计量异常等一系列问题。其中，充电机负荷对系统造成的谐波问题可以通过增加无功补偿装置、加装滤波装置等手段控制。三相不平衡是导致网损和计量问题的原因之一，当其接入充电网络进行充电时，由于充电接入点选择不同，因此带来的充电网络线路损耗与三相负荷不平衡度也不同。在三相负荷不对称时，由于实际的充电网络采用三相四线制供电，中线上存在电流且不为零，会增加线路损耗并存在计量误差。若能科学引导电动汽车充电接入点优化，将能有效降低三相不平衡度和线损，在提高电能计量准确性的同时降低充电网络的运行成本。

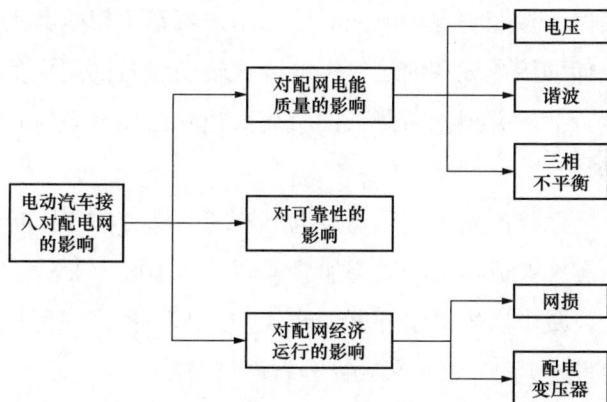

图 6-3　电动汽车接入对配电网的影响

6.3.2　实践案例：虚拟电厂削峰填谷

1. 问题描述

随着电网最高负荷逐年攀升，日最大峰谷差逐年加大，2020 年浙江省全社会最高用电负荷 9268 万 kW，日最大峰谷差达 3314 万 kW。

在电源侧，浙江某地区水电资源丰富，有 808 座小水电站，装机达 170 万 kW。由于电力不能大规模储存，都是即发即用，遇到用电高峰和用电低谷时，再下发指令到电厂。这种简单粗放的调控方式，极易造成能源浪费。

在负荷侧，过去调控负荷的主要手段是有序用电，通过刚性执行的行政措施、经济手段、技术方法，依法控制部分用电需求。但这种方式缺乏有效激励和补偿机制，无法调动用户需求响应的积极性。

2. 提升措施

在电源端，建设绿色能源虚拟电厂增加清洁能源消纳能力。该地区绿色能源虚拟电厂由境内全域水电组成，聚合 55 万 kW 调节水电站和 45 万 kW 下游径流电站，相当于一个大号的储能电池，最大可具备百万级可调节能力。当地智慧水电调度平台利用光纤、无线专网以及北斗通信新技术将全域水电发电信息聚合，与省侧调度平台进行信息交互，实现当地绿色能源虚拟电厂辅助电网调峰。

在负荷端，通过市场化机制最大程度激活可调节负荷资源参与负荷响应。通过市场竞价、政府补贴机制，引导电力用户在约定时间内优化调整用电负荷的需求响应新模式。按照约定的响应时段，用户可在不影响其主要生产的前提下，停止一部分辅助用电设备的运行，或降低辅助设备的用电负荷，从而减少高峰时段的用电负荷，并根据所降低的负荷数值获得相应政府补贴。

3. 应用成效

在电源侧，以元旦假期为例，虚拟电厂辅助调峰自 11 时 30 分开始，于 14 时结束。全过程实现 0 成本调峰，增加新能源消纳 108 万 kWh，节约需求侧响应资金 130 万元，减少燃煤机组深度调峰 43 万 kW，提高在网机组负荷率 1.27 个百分点，减少发电耗煤 94t，有效提升省网调节能力。

在负荷侧，以某钢铁制品有限公司为例，工厂平时一个小时的用电量是 15 万～16 万 kWh 左右，由于部分工艺可以分段运行，每小时可调节的"柔性负荷"可达 5 万 kWh。该公司将 4.8 万 kWh 电量以 1.9 元/kWh 的价格参与负荷响应专项市场竞价，并最终竞价成功，参与交易，获利 9 万多元。

该地区绿色能源虚拟电厂是浙江省首个实现电源和负荷双侧弹性资源有效聚合的"特殊"电厂，为源网荷储资源协同互动提供了坚强支撑，实现电源、负荷的弹性平衡，减少不必要的网损。

6.4 储能协同

6.4.1 储能概述

随着"十四五"新能源的快速发展，电网调峰能力不足、因新能源出力的随机性造成电网波动的问题将愈发凸显。为保障新能源的顺利有序消纳，提升电网运行效率，加强储能的发展任务成为当务之急。"十四五"期间，新能源进一步增长，储能设备能够提升电网调峰能力，有效平抑新能源发电出力的波动性，提高电网运行灵活性，提升电网安全稳定运行水平，是电网调峰和促进新能源消纳的重要手段。目前储能设施主要有：

（1）电化学储能。主要通过在低谷时段储电，在尖峰时段放电的方式进行调峰，近年来相关技术发展迅速，其响应速度快，但尚未得到大规模应用。

（2）抽水蓄能。主要通过切换发电工况和抽水工况实现启停调峰，响应速度快、调峰成本相对较低。

（3）电解制氢储能。主要以氢作为载体，充分利用各类电源产生的电能，通过电化学方法制氢并储氢，在尖峰时段可用氢气通过燃料电池发电。氢气燃烧不会进一步加剧温室效应，具有良好应用前景。但由于电解制氢储能技术复杂，目前仍存在诸多瓶颈，有待进一步研究探索。

目前抽水蓄能和电化学储能技术相对成熟，发展前景较好，其技术指标情况如表 6-2 所示。

表 6-2　　　　　　　　　电化学储能与抽水储能的技术指标对比

参数	电化学储能	抽水储能
能量密度	30～200Wh/kg	0.5～1.5Wh/kg
功率规模	几千瓦～数十万千瓦级（单机容量 1 万 kW）	数十万～百万千瓦级（单机容量达 40 万 kW）
放电时间	分钟至小时级	小时至天级
系统成本	1000～4000 元/kW	6000～7000 元/kW
系统功率	70%～90%	75%～80%
建设条件	无	受地理条件约束，需要有合适的上、下水库
建设周期	3 个月	5～8 年
系统寿命	3～20 年	30～40 年

6.4.2　功能分析

1. 调峰调频

电力系统为保证电力生产与消耗的动态平衡，必须具备一定的调峰能力；为保证系统频率稳定，必须具备一定的调频能力。调峰是指为缓解负荷低谷时段发电机组负荷率低于规定范围或者负荷高峰时段发电正备用资源不足等情况，第三方独立主体接受调度指令，通过调整自身用电行为完成增加或减少用电负荷所提供的服务，分为填谷调峰和削峰调峰。

储能填谷调峰时段原则上为 1:00～6:00、11:00～13:00。调度机构可以根据负荷特性、电力电量平衡预测及新能源出力特性进行调整。削峰调峰时段根据日前电力电量平衡预测，由调度机构在日前确定。

调频包括一次调频和二次调频（自动负荷控制）。一次调频是指电力系统频率偏离目标频率时，第三方独立主体通过自动控制装置，调整有功出力减少频率偏差所提供的服务；二次调频是指第三方独立主体跟踪电力调度指令，按照一定调节速率实时调整用电功率，以满足电力系统频率和联络线功率控制要求的服务。

2. 清洁能源消纳

随着"双碳"目标的推进，新能源迎来迅猛发展的黄金时期。但往往清洁能源丰富的地区电网消纳能力不足，或存在送出瓶颈。为了避免出现弃风、弃光等情况，可通过各种储能的方式实现电力存储，从而最大限度地利用可再生资源，保障清洁能源消纳。

3. 应急电源

各种储能系统尤其是电化学储能系统，因其具备可靠的充放电转换特性、毫秒级的响应速度、较高的容量等特点，已发展为应急电源的重要组成部分。用户侧储能系统可以在电网供电不足或电网侧故障时，保证用户各类设备的正常运转，尤其对企业的保安电源起到十分重要的支撑。

移动储能系统将蓄电池组、电池管理系统及储能双向变流器等部件集成在集装箱或可移动车辆中，具有便于施工安装、维护简单方便、可移动性好等特点，广泛适用于各类保供电、抢修、带电作业等业务。

4. 降损影响

通过表 6-2 可知，抽水储能和电化学储能的转换效率在 70%～90% 区间，损耗率在 10%～30%，远高于目前电网的综合线损率。若电网侧应用储能装置，10%～30% 的储能系统损耗将同步增加电网输送电量，进而提高电网输电损耗。而在用户侧应用储能装置，储能系统损耗由用户承担，随着储能规模增大，削峰填谷的作用愈加明显，在峰谷期间减少潮流流动，将有利于线损率降低。

另一方面，在配电网的日常运行中，电网运行故障等紧急情况发生频次较少，移动储能设备可能处于闲置状态。与固定的分布式储能相比，移动储能的调度灵活性受到关注。结合配电网降损工作，可将移动储能设备加入配电网的日常运行中，在提高移动储能设备利用率的同时降低配电网线损。

6.4.3 实践案例："储能+空调"协同调控

5G 基站是 5G 网络的核心设备，它能实现有线通信网络与无线终端之间的信号传输。相关统计数据表明，基站大约占 5G 网络能耗的 80%，目前常见的 5G 基站基本上保持在每小时 3500～5000W 的功耗，相较于 4G 基站至少多出三倍，是信息基建领域中的能耗"大户"。浙江某县首创"5G 基站分布式储能+空调协同调频系统"，以数字化技术为牵引，汇聚各方资源，共同挖掘 5G 基站可调节负荷潜力，促进能源资源节约高效利用，带动数字通信领域绿色转型。分布式储能+空调协同调频系统界面如图 6-4 所示。

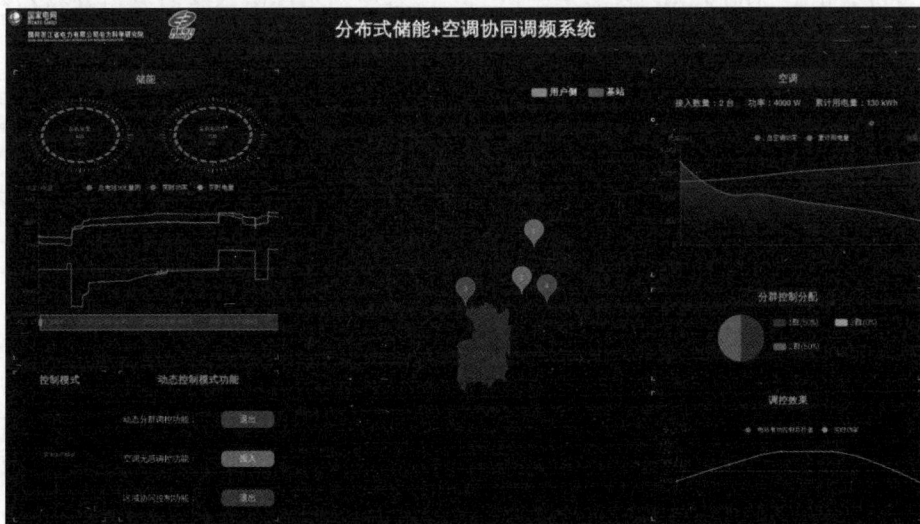

图 6-4　分布式储能+空调协同调频系统界面

为保障通信稳定，5G 基站普遍都配置储能设备，在单站功耗提升三倍的情况下，储能容量也会成比例配置。同时每个基站机房还配置了空调，以防基站设备过热，引起故障。单个 5G 基站的可调节负荷达到 10.5kW，以该县为例，5G 基站共有 1350 座，相当于有一个容量为 14MW 的可调节负荷蓄水库。遵循挖潜提效的理念，开发了线上分布式储能+空调协同调频系统，实时读取电网供需数据，并与基站运维管控平台实现数据共享。通过这套系统，可实时掌握全县 1350 座 5G 基站的空调温度、负荷和储能容量、充放电状态、充放电功率、充放电裕度等数据，及时对 5G 基站可调节负荷裕度进行智能评估，随时"计算"出富裕的电网负荷空间。当电网有负荷调控需求时，调频系统接收来自需求侧响应平台或者调度控制中心的指令，根据指令容量大小、各基站可调节负荷裕度等信息进行梯级动态分配，实时推送响应指令到基站运维管控平台。各 5G 基站储能及空调设备将自动响应策略执行指令，储能设备由原先的备用状态转变为充电或放电模式，同时空调在不影响基站设备稳定运行的情况下调节运行温度，从而满足电网当前负荷调控的需求。

经初步测算，该地区 5G 基站合计可调空调负荷约 5000kW，配置储能容量 54000kWh，可调储能负荷达 9000kW。通过"储能+空调"协同调控，预计最大可以实现近 10000kW 负荷柔性控制，能有效减少用电紧张时刻电网负荷压力，实现资源利用最大化。

7

线损评价体系建设

传统线损管理评价主要以专业指标考核为主，聚焦电网运行末端指标，对于影响线损率的因素未充分监测、分析和控制。而新形势下线损评价则需从源网荷储全边界和规划建设运行环节的宏观层面对电网整体运行效能开展深入分析、评价和管控，从而精准定位电网运行薄弱环节，智能高效生成降损辅助决策，切实提升电网运行效率。电网线损评价工作包含电网运行状态实时监测、评价体系构建、评价频度选择、电网运行考核评价过程管控、评价结果应用五个方面。其中，电网经济运行考核指标及评价体系的建立为开展电网线损评价工作提供客观依据，涵盖分区和分压线损率、设备经济负载率、配电网经济运行率、设备功率因数、负荷峰谷差等多维度指标；评价结果应用则是电网线损评价工作落到实处的关键一环，通过对评价结果的及时深入分析研究，形成针对性治理措施与整改方案，并将相应降损项目需求纳入储备，同时依据评价结果指导下一年度降损规划滚动修编，不断充实规划内容，提升规划指导意义。

通过开展电网线损评价，可以清晰掌握区域电网经济运行水平和电网效能变化趋势，并根据评价结果生成多类薄弱问题指标和对应非经济运行设备清单，作为降损项目需求的重点来源。电网线损评价工作的主要目标是不断探索新型电力系统高效建设与节能降碳，有效提升能源互联形态下电网经济运行水平和管理成效，全方位、多维度、可视化实施电网运行状态实时监测，有力支撑开展电网经济运行能力评估和降损辅助决策，推动电网经济运行效益效率稳步提升。

7.1 线损评价体系构建原则与依据

7.1.1 构建原则

评价指标体系是依据待评对象预定的目标要求而建立评价指标的集合体

系，是电网运行的经济性评价分析与各影响因素之间的桥梁，能准确、完善、清楚地反映出待评价对象的主要状态和实际情况。电网运行经济性评价指标体系建立的准确程度和科学合理性能直接影响到其评价的质量。电网运行经济性评价是一项复杂的系统工程，因此在构建评价指标体系时应本着系统和科学的态度选择评价指标。所构建的评价指标体系应准确、全面、有效地反映电网经济运行的各种影响因素，构建原则如下：

（1）系统性原则。评价指标体系的各项指标必须能在相互配合中，综合考虑规划设计、电网运行、设备管理、灵活资源等维度，全面、系统地反映电网经济运行的技术特点和状况，充分体现电网运行的经济性。

（2）科学性原则。评价指标体系的各项指标应该彼此独立、有机结合。根据各项评价指标之间的相互关系，尽可能降低指标间的关联度，避免或减少指标间的重叠交叉区域。对于存在交叉的指标，在确定其归属时应尽量遵从就近就重的原则，将其划入最能反映其内涵的层次当中。

（3）客观性原则。为全面客观地反映电网运行的经济情况，指标设置应全方位衡量影响电网经济运行各项因子，应细化评价标准、完善评价方式，建立客观真实、科学有效的电网线损评价指标体系，从而保证评价结果的客观公正。

（4）实用性原则。评价指标体系的构建还要考虑实用性和可行性，要便于相关人员操作和使用，指标数据易采集，表达方式易理解。评价内容和范围应明确、有针对性；评价指标的内涵要清晰准确，既要能说明问题，又便于分析比较；定性指标应明确其概念，按照一定标准对其赋值，能恰如其分地反映指标性质。

依据上述指标体系构建原则，在建立电网运行经济性评价指标体系时，各项指标的选取不仅要尽量全面地考虑电网运行的实际情况，不遗漏重要指标因素，同时也要考虑到数据采集、计算量等实际问题，努力做到指标不重复不冗余。因此，评价指标体系要求有整体的全面性，个体的独立性。

电网运行经济性评价指标体系的构建，除了要满足以上原则外，还要与地区电网特点及负荷特性相适应，注重从电网的经济性特点出发，从整体上对电网进行分析、评价。

7.1.2 构建依据

评价体系的设置需注重体现基于能源互联形态下的电网经济运行水平和管理成效，使其能反映电网企业高质量发展的内在要求，助力推动"双碳"目标实现和新型电力系统高效能建设。评价体系指标应覆盖电网规划、建设、运行等各环节，并以不同维度及视角进行评价体系的制定。主要涵盖电网前期规划建设、电网运行、设备管理、综合管理及灵活资源五个维度，重点关注分区和分压线损率、设备经济负载率、配电网经济运行率以及负荷峰谷差等指标。

7.2 线损评价指标体系构建

7.2.1 指标选取

科学合理的评价指标是对电网线损评价的基础。电网的运行受多方面因素的影响，在评价过程中要充分考虑这些因素，要遵循前述设定的评价指标体系构建的原则。为了确保评价指标能够准确反映地区电网的经济运行情况，运用分层分类的思想，将电网经济运行分为两个层级：第一层级为业务类型，主要包括电网规划、电网运行、电网设备、综合管理、灵活资源；第二层级为业务类型对应的评价指标权重及评价标准。

电网线损评价指标体系遵循电网全周期运行管理特点，本章从前期规划建设、电网运行、电网设备、综合线损、灵活资源五个维度进行指标体系的构建，同时每个维度又开展多项指标评价，总计 28 个综合评价指标。与传统电网评价体系相比，在新型电力系统"高效能"建设主线下的地区电网线损评价体系在电网全过程经济运行、源网荷储协同等方面有较大的不同。

1. 电网规划

电网规划建设中，要从规划设计源头做好近远期的电网布局划分，合理的供电容量配置以及供电半径的规划。其中规划平衡负荷占比指标可以检验规划负荷预测的精准度；容载比指标通过计算各电压层级容载比，从而体现地区电网目前的供电能力和负荷密度；中压平均供电半径合格率指标通过计算地区电网中低压线路供电半径的达标率，可以衡量地区电网规划布局建设成果及选址选线的合理性；规划负荷预测的精准度直接关系到供电容量规划的合理性，高精准的负荷预测度可以避免造成供电容量冗余。

2. 电网运行

与电网运行有关的相关业务指标不仅反映了电网的供电质量、供电可靠性，更是电网供电效率和经济运行的直接体现。电网功率因数合格率、低电压变压器占比、配电变压器三相不平衡度合格率三个评价指标可以直接观察电网供电质量的优良，同时也从另一个层面体现电网经济运行水平。

配电变压器无功异常占比反映地区电网无功配置情况是否合理。变压器负荷均衡度、电网设备经济运行占比、变压器铜铁损比率等评价指标直接反映变压器全年运行的负载情况、全网设备的利用情况以及变压器设备本身是否属于经济设备的情况。其中变压器负荷均衡度计算变压器负载率的均衡度，纵向观测全网供电负荷的不均衡度。电网设备经济运行占比计算处于全年经济负载运行的主变压器（配电变压器）和线路的百分比，可以从根本上检测电网经济运行的水平。变压器铜铁损比率反映地区电网变压器设备本身运行是否属于经济设备的情况。

3. 电网设备

电网设备管理是电网全周期管理的重要内容之一，从设备静态的角度对电网设备进行经济性指标的分析摸排，可以全面了解电网整体规模、节能属性、设备状态以及资产利用率。超长线路占比、小截面线路占比直接体现电网运行的经济性。大量超长、小截面线路使得电网线路的供电能力与负荷不匹配，导致供电断面的负荷分布不均，并增大电网损耗。电网设备空置率统计全网空置的设备数量比例，可以直接体现电网设备资产使用情况。另外，高耗能变压器占比、老旧设备占比、高损线路占比、高损台区占比等指标分别统计与电网损耗高度相关的设备数量及比例，体现电网设备状况的同时也可以指导后续的降损项目安排。低损线路占比、低损台区占比的情况，反映地区电网的经济运行效率，低损设备占比越高，设备经济运行效率越高。

4. 综合管理

强化线损综合管理一直是电网经济运行的工作重点。因此，线损管理维度的指标体系主要从线损率统计、线损敏感度以及降损管理等角度构建。其中分区综合线损率、分压线损合格率、理论线损偏差合格率体现各区域、各电压层级电网经济运行水平、线损大小及同期线损管理成果。降损项目计划落实情况反映地区当年实际执行降损项目数量占当年计划总项目数的比重，百强（市、县、所）入选次数反映地区在同期线损方面管理的成效和水平，流变饱和等指标则综合反映用户设备及运行管理水平。

5. 灵活资源

碳中和目标的提出促进了新型电力系统电网源网荷储协同的进一步发展，预计未来灵活资源的协同管理将围绕着新能源消纳、储能配置、需求侧响应等角度展开。大规模分布式新能源、储能及可中断负荷的接入将会改变电网的潮流方向及运行状况，因此有必要对灵活资源的协同管理进行评价。其中新能源渗透率指标统计接入电网内分布式能源的规模以及对电网的总体渗透率，体现电网对分布式能源的消纳能力。用户资源互动需求响应度计算电网内可中断负荷和可调电源在电网中的占比，可以体现电网运行的灵活度。

7.2.2　指标权重计算

为了实现对电网经济运行状况的准确评价，评价指标体系建立以后，就需要确定指标体系中各指标在评价中的权重。指标权重是以定量的方式反映所有指标在实现评价的目标要求中所起作用的比重，当被评价对象及评价指标确定时，综合评价结果就仅依赖于权重系数，故权重系数合理与否，直接关系到综合评价结果的可信程度。确定合适的指标权重不仅能够真实地反映评价对象系统的特点，并且可使评价工作主次有别，抓住主要矛盾。因此，有必要研究合理的权重计算方法进行电网运行经济性评价。

权重计算方法主要分为主观赋权法和客观赋权法。主观赋权法是基于决策者直接给出偏好信息的方法，如层次分析法、Delphi 法和最小平方和法，但主观赋权法存在理论论据不充分，主观随意性较大等缺陷。客观赋权法是基于决策矩阵信息的方法，如主成分分析法、熵值法和多目标最优法，但所确定的权重有时与指标的实际重要程度相悖。因此将主观权重与客观权重进行集成与综合，是权重计算方法的发展趋势。

同时，由于证据融合理论能够减少系统的不确定性、提高系统可靠性，融合后的信息也比单一信息更可靠、更准确，因此在评价方面已得到广泛的应用。本部分利用证据融合理论提出电网经济运行指标权重的闭环计算方法。首先计算基于层次分析法的专家主观权重，为了保证融合的合理性，对专家证据进行了剔除和折扣处理。在重视主观权重的前提下，通过定义证据充分判断主观证据是否可以作为最终结果。如果主观权重证据不充分，则需利用熵值法和主成分分析法确定指标客观权重，并利用证据融合理论确定综合权重，接着利用斯皮尔曼方法检验主、客观权重是否满足一致性要求，若不满足，则对权重进行闭环调整，直至保证在主客观证据一致的基础上，融合主客观证据得到主客观均能满足要求的指标权重结果。

基于证据融合的电网经济运行指标闭环权重计算方法流程见图 7-1。主要分为以下四部分：

（1）基于层次分析法的专家群融合的主观权重计算方法。专家的经验和偏好不同，造成了各专家权重的不确定性。同时为了保证证据的可靠性，对异常专家意见进行剔除处理。该主观权重的求解方法可单独适用于不能取得原始数据的指标体系，即无法采用客观方法求得权重的指标。

（2）基于熵值法和主成分分析法融合的客观权重计算方法。当主观权重证据不充分，需引入评价指标的客观权重。为了避免单一的客观权重方法的片面性，分别计算基于熵值法和主成分分析法的指标权重，接着利用证据融合理论对两种权重融合求得客观综合权重。

（3）基于斯皮尔曼的主客观证据融合闭环调整方法。利用斯皮尔曼法来考察主客观证据的相关程度，通过等级相关系数对主客观指标权重的顺序一致性进行验证，当等级相关系数小于临界值时，需要对主观权重进行重新计算，直至满足要求，实现对指标权重的闭环调整。该部分保证了下一步证据融合结果的合理性。

（4）利用证据融合理论进行主客观权重的融合。考虑到主观赋权法过分依赖专家经验，以人的主观判断作为赋权基础在有些情况下不尽合理和客观赋权法忽略了指标本身的重要性，结果不一定与客观实际相符合，因此在上述结果的基础上，将主观权重和客观权重利用证据理论进行融合，得到更为合理、科学的权重结果。

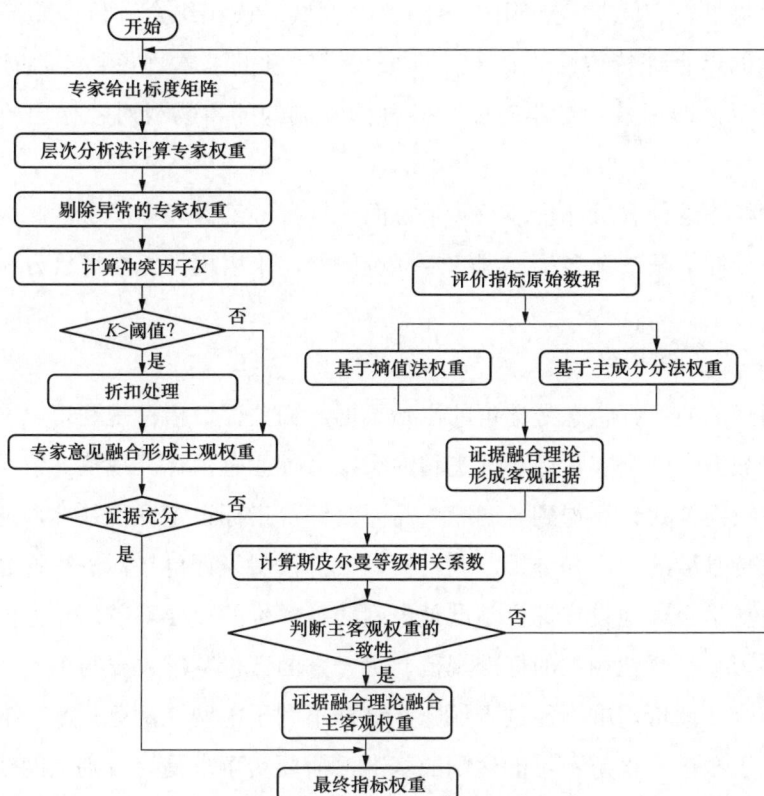

图 7-1　权重指标计算流程

7.2.3　评价标准及流程

1. 评价方法选择

电网运行经济性评价指标体系的构建和指标权重的确定，为正确有效地进行电网线损评价奠定了坚实的基础。但是指标体系中每一项指标都是从某一方面反映电网的经济运行状况，不可避免具有一定片面性和抽象性。因此，有必要采用某种评价方法综合考虑各项评价指标，将多指标系统转化为单指标系统进行对比分析，并结合电网运行的实际情况，对电网运行的经济性做出科学、全面的评价。因此，选取合适的综合评价方法成为电网运行经济性评价研究中的一项重要内容。

目前国内外有多种综合评价方法，如模糊综合评价法、灰色关联分析法、人工神经网络法等。其中模糊综合评价方法主要针对评价对象和评价过程所具有的模糊性，已被广泛应用于各种评价领域。模糊综合评价法是一种基于模糊数学的综合评价方法。该方法根据模糊数学的基本理论将定性评价转化为定量评价，即用模糊数学对受到多种因素制约的事物或对象做出一个总体的评价。

电网经济运行分析评价涉及多个方面，具有多维性和多层次性。因此，对其进行综合评价是一个多极模糊综合评价问题，采用模糊综合评价方法是最合适的。

2. 评价基准

电网当前的运行状态是评价的原始数据，相关评价指标是利用电网运行状态的原始数据，结合实际运行情况和国家电力行业有关标准规范等依据，根据评价指标设定公式计算得到。同时，需要对评价指标设定评价基准，通过评价指标与评价基准的比对和分析，利用模糊评价模型为评价指标进行打分。在此情况下，科学合理地设定评价基准是电网线损评价的重要环节。一方面评价基准要遵循国家、行业相关的标准规范，另一方面评价基准也要与电网实际运行情况相结合。评价基准不能过于保守，这样不利于电网经济运行水平的提升，也不能过于激进，设定不可能达到的基准，需要实事求是，否则电网线损评价工作将无法开展。

3. 评价流程

电网经济运行的评价结果可以用来研究电网的经济运行情况，并为提高其运行的经济性指明方向。对电网运行的经济性进行模糊综合评价的步骤如下：

（1）在对电网进行调查研究的基础上，建立符合电网实际运行的评价指标体系，并将各个指标进行分层、分类和量化。

（2）确定指标的权重。每个电网都有不同的运行情况，因此不同的电网各指标的权重也不一样，权重的确定要结合各地的实际情况来确定，并且采用基于主客观结合的赋权方法较为合适。

（3）计算电网当前的运行状态。电网当前的运行状态是评价的原始数据，建立在对电网进行深入调查和详细分析计算的基础上。

（4）结合电网的实际运行情况和国家电力行业有关标准等确定单因素指

标（第二层级指标）的隶属函数曲线模型和参数。

（5）根据单因素隶属度函数模型和各指标的原始数据计算各二级指标的隶属度，接着依据单个指标模糊评价的具体步骤，计算各二级指标的综合得分。

（6）根据单因素指标的得分和权重，以及一级指标的权重，并按照模糊综合评价方法的公式，计算各一级指标得分和总目标的得分。

（7）最后依据电网的总得分确定电网的经济运行情况，并可根据评价结果对电网进行考核。同时将得分较低的单因素指标确定为电网经济运行的主要影响因素，为进行电网改造提高其运行的经济性提供理论指导。具体评价指标见表 7-1。

表 7-1　　　　　　　　　　　评 价 指 标

业务类型	类型分值	序号	指标名称	指标权重	注释
电网规划	15	1	规划平衡负荷占比	0.15	—
		2	容载比	0.25	计算某一电压等级容载比时，该电压等级发电厂的升压变压器容量及直供负荷容量不应计入，该电压等级用户专用变电站的变压器容量和负荷也应扣除；另外，部分区域之间仅进行故障时功率交换的联络变压器容量，如有必要也应扣除
		3	中低压平均供电半径合格率	0.25	（1）中压供电半径是指从变电站到其供电最远负荷点之间的线路长度。供电半径合格是指在正常负荷下，A+、A、B 类供电区域≤3km，C 类供电区域≤5km，D 类供电区域≤15km。 （2）低压供电半径是指从配电变压器低压侧到其最远负荷点之间的线路长度。低压供电半径合格是指正常负荷下，A+、A 类供电区域≤150m，B 类供电区域≤250m，C 类供电区域≤400m，D 类供电区域≤500m
		4	负荷平均峰谷差率	0.35	月度和年度的负荷平均峰谷差率按月度和年度的日指标值取平均数
电网运行	30	1	设备功率因数合格率	0.12	功率因数合格为：主变压器功率因数在"[0.95，1]"之间；配电变压器功率因数在"[0.90，1]"之间。总监测点数量即为主变压器和配电变压器（公用变压器）总数量
		2	低电压变压器占比	0.1	变压器指公用配电变压器台区，低电压变压器是指变压器二次侧连续 2h 电压低于 198V（任意相），判断为属实低电压，月度、年度按日度不平衡数累加。（月度、年度公式=Σ 日低电压变压器数量/Σ 日变压器档案数×100%）

业务类型	类型分值	序号	指标名称	指标权重	注释
电网运行	30	3	配电变压器三相不平衡度合格率	0.16	配电变压器指公用配电变压器，三相不平衡度合格台区数量=配电变压器总数－三相电流不平衡配电变压器数量，三相电流不平衡度=（最大电流－最小电流）/最大电流×100%；三相电流不平衡是指：日度96个点存在连续8个点（2h）三相不平衡度超过25%，且最大负载率超过50%；月度、年度按日度不平衡数累加。（月度、年度公式=Σ日度三相不平衡度合格台区数量/Σ日度台区档案数×100%）
		4	配电变压器无功异常占比	0.15	无功过补：连续2h的采集数据满足（一象限无功总电量－四象限无功总电量）为负，且四象限无功总电量/正向有功总电量＞0.1；无功欠补：连续2h的功率因数＜0.85；功率因数合格：0.85≤功率因数＜1；功率因数不合格：功率因数＜0.85
		5	变压器负荷均衡度	0.18	计算范围为县公司评价110kV主变压器，市公司评价110～220kV主变压器
		6	电网设备经济运行占比	0.21	县公司评价10/20、35kV配电变压器和配电线路，市公司评价110～220kV及以上主变压器和输电线路。经济负载指主变压器（输电线路）一天96个监测点至少32个点负载率落在40%～65%之间，配电线路一天96个监测点至少32个点负载率在30%～70%之间，配电变压器一天96个监测点至少32个点负载率在30%～75%之间。月度指标计算设备一个月累计超20天处于经济运行状态，即为月度经济运行设备；月度指标计算设备一年累计超9个月处于经济运行状态，即为年度经济运行设备
		7	变压器铜铁损比率	0.08	—
电网设备	20	1	超长线路占比	0.16	县公司评价10/20和35kV配电线路，市公司评价220kV及以下输（配）电线路。超长线路为主干线路（主馈线）：220kV线路超过50km；110、35kV超过30km；10（20）kV线路超过20km
		2	小截面线路占比	0.18	县公司评价10/20和35kV配电线路，市公司评价220kV及以下输（配）电线路。小截面线路是指主馈线（主干线）存在小截面线段，且小截面线段占主馈线长度比重超过5%，小截面线路为：220kV线路线径小于2×240mm²；110kV线路线径小于240mm²；35kV线路线径小于150mm²；10(20)kV主干线路线径小于150mm²，电缆线路主干线截面小于240mm²（铜）。低压主干线选型达标是指低压架空线路主干线截面小于120mm²，低压电缆线路主干线截面小于120mm²（铜）
		3	高耗能变压器占比	0.1	高耗能变压器是指配电变压器型号为S10及以下

业务类型	类型分值	序号	指标名称	指标权重	注释
电网设备	20	4	电网设备空置率	0.06	空置设备指线路下无配电变压器、台区下无用户，但仍处于运行状态。设备为10/20kV设备
		5	老旧设备占比	0.06	老旧设备是指运行年限超过20年且未进行设备改造
		6	低损线路占比	0.12	35kV及以上线路低损指线损率[0，1%]；10（20）kV线路低损指线损率[0，3%]
		7	低损台区占比	0.12	台区低损指线损率[0，4%]
		8	高损线路占比	0.1	500kV及以上月线损率≥2%且月损失电量超过200000kWh的线路；220（330）kV月线损率≥2%且月损失电量超过55000kWh的线路；35～110kV以上月线损率≥3%且月损失电量超过30000kWh的线路；35kV以上月线损率≥0.5%公司承担线损的电厂（用户）线路。10kV高损线路月线损率≥6%；且月度损失电量超过5000kWh
		9	高损台区占比	0.1	月线损率≥7%，且月度损失电量超过500kWh
综合管理	15	1	降损项目计划落实情况	0.25	技术高损设备指同期和理论线损比较确定，即线路线损率均超过6%，台区线损率均超过7%；项目计划编制时要增加节能标签属性
		2	百强（市、县、所）入选次数	0.15	—
		3	分区线损率	0.3	—
		4	流变饱和占比率	0.3	流变饱和指流变二次侧电流有任意一相连续1h超过5.5A： （1）流变指电流互感器； （2）月度和年度按照分子分母累加，分子每天饱和的累加，分母配电变压器总和累加； （3）用采系统中有二次侧电流数据ABC任意一相判断；只要一天内出现连续1h（即连续4个点）二次侧电流大于5.5A，即可认为流变饱和
灵活资源	20	1	新能源电量渗透率	0.32	新能源包括风、光、核、潮汐、氢、生物质等
		2	用户资源互动需求响应度	0.26	—
		3	可中断负荷比重	0.18	—
		4	新能源容量渗透率	0.24	—

7.3 线损管理评价案例

以浙江某市电网的整体经济运行水平为研究对象，以 2022 年 7 月该地区电网实际运行数据为基础，依托电网线损评价体系，从电网规划、电网运行、电网设备、灵活资源及综合管理五个维度的电网线损评价指标体系进行评价。

7.3.1 评价结果

电网线损评价结果如表 7-2 所示。

表 7-2　　　　　　　　浙江某市电网线损评价体系达成情况

业务类型	类型分值	序号	指标名称		指标权重	总分	得分	百分比（%）
电网规划	15	1	规划平衡负荷占比		0.15	2.25	2.25	100
		2	容载比	35kV	0.25	1.25	1.20	96
				110kV		1.25	1.10	88
				220kV		1.25	1.25	100
		3	中低压平均供电半径合格率		0.25	3.75	1.98	53
		4	负荷平均峰谷差率		0.35	5.25	5.25	100
电网运行	30	1	设备功率因数合格率		0.12	3.60	1.91	53
		2	低电压变压器占比		0.10	3.00	3.00	100
		3	配电变压器三相不平衡度合格率		0.16	4.80	4.38	91
		4	配电变压器无功异常占比		0.15	4.50	—	—
		5	变压器负荷均衡度		0.18	5.40	5.40	100
		6	电网设备经济运行占比		0.21	6.30	2.43	39
		7	变压器铜铁损比率		0.08	2.40	0.11	5
电网设备	20	1	超长线路占比		0.16	3.20	3.20	100
		2	小截面线路占比		0.18	3.60	3.60	100
		3	高耗能变压器占比		0.10	2.00	1.98	99
		4	电网设备空置率		0.06	1.20	0.67	56

业务类型	类型分值	序号	指标名称	指标权重	总分	得分	百分比（%）
电网设备	20	5	老旧设备占比	0.06	1.20	0.76	63
		6	低损线路占比	0.12	2.40	2.12	88
		7	低损台区占比	0.12	2.40	2.13	89
		8	高损线路占比	0.10	2.00	1.97	99
		9	高损台区占比	0.10	2.00	1.47	74
综合管理	15	1	降损项目计划落实情况	0.25	3.75	2.98	79
		2	百强（市、县、所）入选次数	0.15	2.25	0	0
		3	分区线损率	0.30	4.50	4.50	100
		4	流变饱和占比率	0.30	4.50	4.32	96
灵活资源	20	1	新能源电量渗透率	0.32	6.40	6.40	100
		2	用户资源互动需求响应度	0.26	5.20	—	—
		3	可中断负荷比重	0.18	3.60	—	—
		4	新能源容量渗透率	0.24	4.80	4.80	100
合计					100	71.16	

根据上述打分结果，结合评价指标参考权重，计算该市电网线损评价总得分。结果显示，该地区电网经济运行评估总得分 71.16 分，基本达到电网经济运行状态，如图 7-2 所示。其中：

其中电网规划得分 13.03 分（总分 15 分），问题指标：中低压平均供电半径合格率，指标扣分 1.77 分。

电网运行得分 17.23 分（总分 30 分），问题指标：电网设备经济运行占比扣分 3.87 分，变压器铜铁损比率扣分 2.29 分，设备功率因数合格率扣分 1.69 分。

电网设备得分 17.9 分（总分 20 分），问题指标：电网设备空置率扣分 0.53 分，高损台区占比扣分 0.53 分，老旧设备占比扣分 0.44 分。

综合管理得分 11.8 分（总分 15 分），问题指标：百强（市、县、所）入选次数扣分 2.25 分，降损项目计划落实情况扣分 0.77 分。

灵活资源得分 11.2 分（总分 20 分），由于用户资源互动需求响应度和可中断负荷比重两项指标未做评价，故整体得分较低。

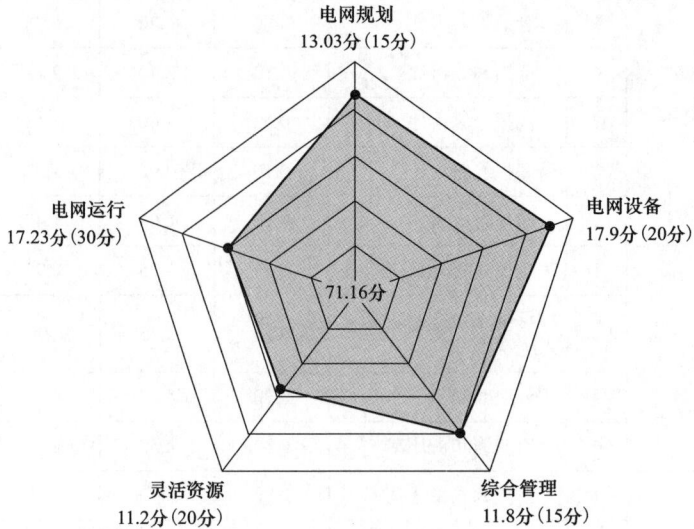

图 7-2　电网经济运行评估得分情况

上述电网运行、灵活资源两个指标结果相对较差，主要体现在电网设备经济运行比例低、变压器铜铁损比率过高、设备功率因数合格率低等方面。

7.3.2　问题及措施

研究结果表明，该地区电网基本达到经济运行水平，通过量化评价结果，分析得出影响电网经济运行水平的重要因素，并给出相关建议。

（1）35kV 和 110kV 容载比偏高，电网资源得不到有效利用。每年为满足大量的新增小区、安置房、商业等用户的供电需求，一次性配套建设相应的供电设施。但这部分新接入的用户前期负载率较低、负荷增长缓慢，造成大量配电线路轻载、变电站间隔利用率低、变电站轻载等一系列问题。建议转变传统规划思路，结合新型电力系统配电网规划技术，优化配电网供电结构，整合有源配电网的供电模式，合理配置电网资源，缓解供电资源不协调的局面，提升电网设备整体利用效率和运行经济性。

（2）负荷密度小，供电半径大，配电网精细化管理程度有待提高。配电网中压线路供电半径合格率较低，配电网整体负载率偏低，中低压配电网总体呈现负荷密度低、供电线路半径过大、设备利用效率低的现象。建议开展线路改造与负荷协改工作。

（3）配电变压器三相不平衡合格率较低。主要原因是低压用户侧几乎都是单相负载，且用电具有不同时性，配电系统极易出现三相不平衡，不平衡度严重超标。在配电网的管理上，经常会忽略三相负荷分配问题，在运行中对配电变压器的三相负荷也没有进行定期监测和调整。建议及时开展三相不平衡率治理，通过优化调整三相用户接入，加装三相不平衡负荷调整设备，修订相应的管理办法，从源头上解决三相不平衡问题。

（4）全网无功调节手段单一，无功倒送问题长期存在。主要原因为城区电缆化率高，充电功率过大。目前 110kV 及以下电网缺乏感性无功装置或可调无功装置。而供区内可进相调节的可靠电源匮乏，特别是夜间凌晨，无功倒送难以控制。建议加快城区等电缆化率水平较高地区变电站低压电抗器加装工作，加大用户侧无功管理，特别是夜间凌晨低负荷期间用户无功精细化管理，同时建议必要时推进低压光伏无功补偿设备参与无功调节。

（5）存在部分高损耗、老旧设备。电网老旧设备数量占比超过 20%，公变及专变高耗能变压器仍然较多。建议进行设备改造，淘汰高耗能设备，换用新型节能设备。

参 考 文 献

[1] 党三磊，李健，肖勇，等．线损与降损措施．北京：中国电力出版社，2013.

[2] 冯凯．同期线损管理系统应用指南．北京：中国电力出版社，2019.

[3] 刘丽平，牛迎水，杨东俊，等．电网电能损耗计算与实例分析．北京：中国电力出版社，2019.

[4] 中国电力企业联合会．中国电力行业年度发展报告 2022．北京：中国电力企业联合会，2022.

[5] 马喜平，贾嵘，梁琛，等．高比例新能源接入下电力系统降损研究综述．电网技术，2022，46(11)：4305-4315.

[6] 陈艳波，于尔铿．电力系统状态估计．北京：科学出版社，2021.

[7] 国家能源局．电力网电能损耗计算导则：DL/T 686—2018．北京：中国标准出版社，2018.

[8] 国家电网公司．电力系统无功补偿配置技术导则：Q/GDW 1212—2015．北京：国家电网公司，2018.

[9] 李钰．考虑新能源接入的电网电能损耗改进计算方法．武汉：华中科技大学，2017.

[10] 国家能源局．名词术语　电力节能：DL/T 1365—2014．北京：中国电力出版社，2014.

[11] 国家电网公司．城市电力网规划设计导则：Q/GDW 156—2006．北京：中国电力出版社，2006.

[12] 国家电网公司．配电网规划设计技术导则：Q/GDW 10738—2020．北京：中国电力出版社，2020.

[13] 国家电网公司．配电网技术导则：Q/GDW 10370—2016．北京：中国电力出版社，2016.

[14] 中华人民共和国国家质量监督检验检疫总局，中国国家标准化管理委员会．电能质量三相电压允许不平衡度：GB/T 15543—2008．北京：中国标准出版社，2008.

[15] 国家能源局．配电变压器运行规程：DL/T 1102—2021．北京：中国电力出版社，2021.

[16] 国家市场监督管理总局，国家标准化管理委员会．油浸式电力变压器技术参数和要求：

GB/T 6451—2023．北京：中国标准出版社，2023．

［17］中华人民共和国国家质量监督检验检疫总局，中国国家标准化管理委员会．20kV 油浸式配电变压器技术参数：GB/T 25289—2010．北京：中国标准出版社，2010．

［18］国家市场监督管理总局，国家标准化管理委员会．干式电力变压器技术参数和要求：GB/T 10228—2023．北京：中国标准出版社，2023．